中醫師教你

坐好月子

打造**好體質**和**好體態**

中醫診所院長
李思儀
著

飲食、穴位按摩與瘦身運動
孕前到產後全方位調理養護

目錄 Contents

坐好月子打造好體質，跟著中醫師吃最安心 *54*

Part3 坐月子期有效改善體質的10個關鍵 *120*

3-1 哺乳好處多又多 *122*

哺餵母乳會影響乳房外觀嗎？退乳會讓乳房縮小嗎？ *126*

如何預防乳腺炎 *126*

哺乳的時候，要如何注意營養？ *127*

3-2 腰痠背痛怎麼辦 *128*

3-3 改善循環，擺脫媽媽手 *130*

3-4 產後頻尿好尷尬 *132*

3-5 產前產後的痔瘡困擾 *135*

實證型的痔瘡 *135*

虛證型的痔瘡 *136*

3-6 產後憂鬱怎麼解？ *138*

Part **4** 產後瘦身食療和運動 *152*

好評推薦 (依姓氏筆劃序)

NONO 嗯哈哈綜藝天王

能夠認識李醫師成為我們的家庭醫師，就如同得到仙丹一樣珍貴。前幾年常有腸胃不適的症狀，起初以為是心臟方面出問題，多次到大醫院檢查也沒什麼異樣，開始納悶身體狀況時，老婆開始建議換中醫看看。於是經朋友介紹認識了李醫師，她細心仔細幫我把脈後，終於發現了問題，是單純的胃食道逆流。於是李醫師開始幫我進行治療，看診二次後，期間搭配李醫師建議的飲食，腸胃不適的症狀就改善了許多。在工作上錄影、出外景，難免身體扭傷或經絡不通，李醫師的針灸療法也總能幫我很快地康復。平時我們夫妻會固定讓李醫師調理身體，自己慢慢的邁入中年，也開始意識到要替身體做保養了，所以非常推薦李思儀中醫師秘傳金匱，真是眾患者的福音。

朱海君 時尚俏媽咪

從人妻到為人母一路的蛻變，來自美麗李醫師親自細心打理我的好體質。這次很恭喜李醫師又出新書。這本完全是為了讓每個女人得到更多美麗與健康的一本好書，相信這本寶典裡更藏有珍貴的秘方和貼心叮嚀。還記得在計劃懷No妹時，李醫師從最基底將我調理一番，直到順利生產，到坐月子也將我的體質與體態照顧到完美的黃金比例。如同新書名「坐好月子，打造好體質和好體態」，是老公放心、老婆安心的最大希望。

王宏哲 天才領袖兒童發展醫學中心執行長
博客來教養書榜首《跟著王宏哲，早期教育SO EASY》作者

近代的嬰幼兒心智與大腦的研究裡，有一些很重要的發現，其中一個就是新生兒，竟然很早就能感知媽媽的情緒，進而模仿成自己的情緒，學習與外界的互動。所以，坐月子時期，媽媽的情緒健康，依舊如孕期一樣，跟寶寶的身心發展，緊緊的相連。

然而，卻有很多產後的媽咪，紛紛來我的親子網留言訴苦，因為在產前都滿心期待寶貝的到來，在產後卻一大堆情況都不順利，例如，想親餵卻乳腺炎、寶寶嚴重的日夜顛倒、自己食慾不好更擔心孩子吃不飽、寶寶為何哭不停……等，而發生產後憂鬱、焦慮、緊張的情形，讓我更重視，孩子出生後，坐月子這段時間，對媽媽們的衛教。

有一次，我看到朋友跟他產後的太太說：「坐月子要開心一點，現在也沒有什麼事好忙了。」躺床的太太聽完回：「你知不知道全身痠痛，要追奶沒奶的感覺有多痛苦？」

我連忙緩頰跟朋友說：「坐月子，身心的變化會很大，媽媽有很多事都要自己摸索，比我們男人離家千里去當兵，還緊張一百倍。」

我每年在親子網，回答媽咪們的育兒疑難雜症，都超過十萬則，發現教媽媽如何帶孩子不成問題，但要教媽媽如何面對自己的情緒及健康，我覺得非常棘手，尤其是產後媽媽。當我收到思儀這本書，我覺得簡直抓到了一根浮木，而且亮點非常多。

首先，她用幫數千位媽媽坐月子的經驗，再加上她豐富的醫學知識，集結成這本書字字珠璣的月子寶典。再者，完整的分析媽咪產後所需的**營養補給、健康促進、體質調理**及**母乳哺餵時機**等重要議題，這實在是比送

好評推薦 （依姓氏筆劃序）

媽媽們,去住一間高級的月子中心,還更珍貴的禮物,因為媽媽健康快樂,寶寶當然更快樂啊!

很多媽媽一想到剛生完的那段打仗時間,什麼都要重來,就頭皮發麻不敢生二寶。其實,寶寶的疑難雜症,妳已經知道了《跟著王宏哲早期教育SO EASY》,而坐月子的大小事,當然就首選李思儀中醫幫妳SO EASY!

林昆鋒、黃文華 知名主播夫妻

今年我們開心迎接了家中第三個寶寶,因為相隔七年再生孩子,內心難免忐忑。好在這一次坐月子期間,思儀提供許多專業的建議,包括排惡露、增加乳汁分泌,還有如何恢復身材的好方法。有經驗的中醫師,讓我能夠更美更健康,本書集結了最精華的內容,值得讀者收藏。

胡文几 桃園大溪笠復威斯汀度假酒店副總經理

我在國內外多家知名五星級酒店工作多年,看過無數旅行中因身體病痛求助的媽媽和體弱多病的小朋友,我一直感慨國內沒有一本好書來教媽媽們如何調養身體。李醫師這本書幫助媽媽們從建立健康的飲食觀念開始,到女性不同階段的飲食問題建議,是一本結合了中醫、藥理、運動、穴位等理論的實用好書。

黃經典 健行科技大學餐旅系 專業技術助理教授

這是一本相當專業而養生的坐月子專書,以及月子餐食譜,不僅教授產後坐月子的媽媽們如何保養自己,內容當中所設計的月子餐也分不同階段給予最適合的食物,由內而外、從頭到腳都照顧到產後的媽媽們。讓辛苦的媽媽們在坐月子期間既能夠安心調養,更可以享受到豐富的月子餐與保健飲品。

在這本書裡,李思儀醫師用專業的藥膳,結合食材本身天然的原味,來調配食譜,使月子餐能夠呈現出多種風味與營養,照顧到了產後媽媽們的身體,提升免疫力,也照顧了媽媽們的味蕾和寶寶的健康,讓坐月子不再是辛苦,而成為了一種享受與保養。

本次我相當榮幸擔任這本書月子餐食譜的製作主廚,在準備食材的過程中,因為配合李思儀醫師的專業配膳,而深深感受到書中每道餐點的「用心講究」與「真材實料」,以及餐點的豐富和具有變化,能夠真正呵護到辛苦的產後孕婦們。

相當感謝在本次食譜製作中,商周出版的用心與專業規劃,以及攝影師阿億的專業拍攝,讓本次月子餐能夠專業而美味的呈現給大家。

前言

　　生產後坐月子是女人一生中很重要的時期。如果把握這三十天，許多的宿疾和不健康的體質，都能趁這段黃金期改善；甚至回復到完全健康的狀態。但若是忽略坐月子的重要性，很容易會產生新的疾病，而原本健康的身體反而開始走下坡。所以，從懷孕到坐月子這段時間可說是女人身體的轉捩點。

　　愛家人前一定要好好照顧自己，有了健康的身體才能哺育下一代。從開始懷孕到產後，這段時間該如何好好照顧自己？以及可能會遇到哪些

問題，又該如何透過簡易的藥膳為自己調理不舒等，都是孕婦們不可輕忽的。

　　我曾經擔任多家月子中心的顧問醫師，在諮詢的過程中有許多感觸，因為懷孕引發改變，不論是身體或心理，對孕婦都造成相當多的影響。而在諮詢過上千位孕婦後，更認同坐月子對孕婦是很重要的。

　　事實上，許多古老有智慧的觀念正慢慢地流失，許多人已經忘記該如何「正確的坐月子」，從一位醫者的角度，也是一位媽媽的角度，我試著一點一滴拾回這些古老的智慧，希望每一位孕婦都能好好坐月子，在這特別的時刻透過適當的調理，讓自己更健康也更美麗。

醫師 李恩僑

Part 1 孕期先保養 坐月子更輕鬆

　　許多人都知道坐月子的重要，但該如何「坐對月子」卻是很大的學問。在懷孕期就要開始好好照顧身體，除了讓媽媽能輕鬆享受孕期的過程，也能讓胎兒健康成長茁壯。現在就跟著Dr. Lee從孕期就開始調理好體質，讓每個媽媽和小孩打下健康的基礎。

1-1 懷孕這樣吃，調理好體質，養出健康寶寶

　　很多人都有相同疑問，懷孕期的飲食和作息究竟會不會影響到胎兒？舉個最簡單的例子，同樣的種子種在不同地區的土壤，長出來的植物肯定會有茂盛與不茂盛的差異，也就是說，媽媽的體內環境就是要提供給胎兒的養分。如果養分充足，日光和水分也剛好，那麼對於種子的發芽與茁壯肯定是正面的；但若是土壤養分不夠，水土保持又沒做好，當然會影響種子的成長。

　　如何在孕期就提供一個最好的環境給胎兒，除了讓媽媽能輕鬆享受懷孕的過程，也能讓胎兒健康成長茁壯，這就是我希望透過本書提供給大家的孕期及坐月子養生方法，讓每個媽媽和小孩從懷孕期就打下健康的基礎。

　　孕期首重的就是營養，如何透過簡單的食材，提供足夠養分給自己的身體和胎兒，又可以兼顧養顏和美容，跟著我一起學習幾個小訣竅。

預防過敏有訣竅

有許多皮膚問題會因懷孕而引發或加重，但是鼻子的問題卻常是懷孕前就已經存在的，例如過敏性鼻炎。很奇妙的，有些孕婦的鼻子問題在懷孕時反倒會改善，但做完月子後，原先過敏的狀況又發生了。這個情況其實和孕婦的體質有關，因為懷孕後的體質多轉為較燥熱的現象，因此在懷孕時大多選擇涼補或平補的方式，在生產後才會選用溫補或熱補的方式。選擇正確的調養方式，分階段使用，才能擁有一個健康的身體。

在臨床的經驗中，很多人多會問我：「醫師，我有過敏鼻病，可吃西洋參做為平時的保養嗎？」

其實治療鼻過敏，最重要的還是調理體質。如果體質是屬於虛寒型，西洋參就不太合適。但如果是屬於虛熱型，西洋參就可以做為平時保養的藥材之一。即使過敏鼻病甚少在孕期發作，還是不能輕忽保健。

如果想以西洋參為調理保養的藥材，建議要在妊娠三個月後，可考慮服食西洋參以顧肺氣（氣管）。

西洋參

西洋參又稱粉光參，性甘苦涼，可補肺降火，生津液，除煩倦，虛而有火者，相宜。雖然服用西洋參比較不容易造成身體的燥熱，孕期服用較無身體不適問題，但還是要慎選合格廠商的藥材，才能食的安心和健康。

從孕期到產後、哺乳期的飲食

已經有皮膚問題的孕婦，應盡量減少食用蝦、蟹、白帶魚、土虱等海鮮類，水果則少吃芒果、奇異果。以及發物類的食物都要少吃，比如豬頭皮、花生、香菇、香菜、胡椒、沙茶及辛辣刺激的食品，這些都屬於發物，較容易加重原本就發癢或泛紅不適的狀況。

確定會引起過敏的食物真的完全不能碰嗎？這是泛指那些食物容易加重皮膚的發癢情況。食用的狀況和患者過敏的嚴重程度是相關的，如果不是很嚴重的皮膚疾病，食用後往往會在當天或隔天出現局部的搔癢，停用後就會慢慢減退搔癢的情況。但是很嚴重的皮膚疾病，也許只是食用到少許發物，就會讓肌膚的搔癢情況加重到難以忍受，所以搔癢的輕重程度是因人而異的。

孕期要忌吃的食物

如果希望生出一個遠離過敏體質的健康寶寶，那麼懷孕期間就要忌食冰涼飲料和生冷瓜果，諸如加了冰塊的飲品和西瓜、香瓜、哈密瓜等。不是完全不能食用，只是不建議每天或常常飲用。體質的轉變不是立即的，而是日積月累所造成的改變。同樣的，每天都服用生冷的食物

◆ **Dr. Lee 推薦適合的茶飲** ◆

白開水就是最好的飲料。另外豆漿有助於媽媽與寶寶鈣質和天然蛋白質的補充，是孕期非常好的營養補充飲料來源。

或飲料，日積月累下來當然會影響寶寶的體質，這點還是需要注意的。另外，有許多媽媽會有飲用茶飲的習慣，建議**懷孕時盡量少喝綠茶，即使是熱的綠茶，其性仍是涼性。性味不會因為溫熱的飲用就有所改變，**這可能是大多數人所忽略的。

早餐多吃熱粥

　　飲食不只關係著孕婦自身健康，也與胎兒出生後是否有過敏問題息息相關，因此，孕媽咪一定要用心吃，腸胃健康有助降低寶寶日後發生過敏問題的機率。除了遺傳的先天體質，後天環境中的空氣污染、塵、香菸、溫差過大、濕氣過重等問題都可能引起過敏，其中最重要因素就是吃進肚子裡的食物。媽咪們想減少孩子日後受過敏所苦，千萬不能忽視孕期飲食的重要。

　　健康從腸胃道開始，西醫與中醫的說法雖有不同，但道理卻異曲同工之妙。因為人體有七成的淋巴免疫系統在腸道，加上遍布在腸道與呼吸道的黏膜組織，是抵抗病菌感染的第一道防線，因此，腸胃道的保養絕對不可輕忽。這是現代醫學的發現，但我們的老祖宗則是在幾千年前就提醒我們，腸胃道健康與身體的呼吸道系統或皮膚密切相關。

　　我以五行學說來解釋臟腑彼此的關係及五行相生的理論──「腎水生肝木，肝木生心火，心火生脾土，脾土生肺金，肺金生腎水」。

　　也就是說，如果想要呼吸道健康，首先必須顧好腸胃健康，因為脾土生肺金，脾土所蘊含的意義之一便是指人體的腸胃道系統，擁有了健康的脾土，才能擁有健康的肺金，肺金的蘊含便包括氣管系統和外在皮膚的狀況，當體內建立此一良性循環，亦有益胎兒未來的健康發展。

孕期的早餐最好吃熱呼呼的粥品，因為「脾喜溫惡寒」，意即脾胃喜歡周遭環境是溫暖的，生冷食物會降低體內溫度，身體內許多酵素或輔酶運作的溫度很敏感，溫度只要稍稍一降低便會影響其運作的效率，所以一起床空腹吃什麼很重要。古人強調喝熱粥能保胃氣，便是要讓身體腸胃道的運作維持在一定溫度，也是要讓看不到的「氣」在經脈中流動順暢而不受阻礙。

認識食物過敏

所謂的「過敏」是指當接觸或吃到對一般人無害的過敏原或食物時，免疫系統會誤把它當成有害的入侵物，而發動圍剿反應。反應的過程中會釋放出抗體和組織胺到血液中，產生流鼻水、流眼淚、氣喘、呼吸困難、皮膚發疹、腹痛等反應。有些食物中含有大分子的蛋白質，當這類物質進入體內時，被免疫系統當成入侵的病原發生過敏反應，而對

常見食物過敏發生部位及症狀

部位	症狀
消化道	胃酸引起的胃不舒、腹瀉、嘔吐、脹氣、腹絞痛等
皮膚	起疹、紅斑、搔癢等
呼吸道	氣喘、鼻塞、鼻炎、流鼻水、支氣管炎等
其他	眼睛發癢、眼皮紅腫

人體造成了不良影響。

　　雖然任何食物都可能造成過敏，但是大家同吃一樣食物，卻也不是每一個人都會出現過敏症狀，除了先天的遺傳體質外，隨著每一個人的消化能力與免疫系統長期發展出的過敏記憶不同，而各自有著不一樣的「結果」。甚至同樣是對食物過敏，不同人對症狀發生的部位與嚴重程度，也會有不同的表現。同一人在不同的時間點，吃進同一種引起過敏的食物，也會因身體自身的狀況而產生不同程度的反應。

愛吃的食物也可能是過敏原

　　該如何知道自己的過敏原？很多人以為造成過敏反應的食物，來自食物本身有高致敏性所致，如常見的蝦、蟹、奶、蛋、花生、芒果、奇異果等。其實**有些引起過敏的食物經常是患者愛吃的食物**，因為常吃某一種或某一類食物，這些食物的大分子在體內無法被吸收，當殘留到一定的濃度時，就很容易刺激免疫系統而發生過敏反應。所以，偏食是很不好的飲食習慣，不僅會造成身體的免疫系統失調，更容易造成食物的過敏問題。

　　在臨床上很多人喜歡問，多吃什麼對身體好？我覺得倒不如想想少吃什麼，對身體更來得有好處。

如何避免生出過敏體質的寶寶

　　遺傳性的過敏除了基因因素外，也和同一家族的生活與飲食習慣有關係。很多人認為如果自己沒有過敏體質，胎兒應該就不會有過敏問題。卻忽略了體質會轉變，但轉變不是立即的，而是日積月累造成的。

如果長期食用對身體不好的食物，如生冷食物或飲料，就會對人體造成不良影響。對孕婦而言，就會連帶影響胎兒的體質。所以孕媽咪千萬不能忽略「預防重於治療」。

想要降低胎兒出生後出現過敏的機率，平常飲食要注意以下五件事：

1.吃當季蔬菜水果：蔬果類的礦物質與維生素對於身體健康有莫大的好處，特別是時令盛產的蔬果，例如在夏季盛產的瓜果類，多含豐富的水分，可補充所流失的水分。足夠的維生素A、C、E有助於調整免疫功能，而維生素C具有抗組織胺的功效，可使過敏原不易侵入。所以當地當季盛產的水果的營養價值，絕對不輸遠渡重洋的昂貴蔬果。

2.均衡飲食不偏食：造成食物過敏的原因與食物攝取的次數、數量都有關係，為了避免「觸動」免疫系統中的過敏警戒線，最好的方式就是廣泛攝取各種食物，不偏食，也不過量攝取某一種食材，體質自然會調整在平衡的狀態，這樣就不必擔心有食物過敏的問題。同時不要長期多食或只吃某道食物，避免食物的偏性影響身體，產生失衡而導致過敏。

3.多吃深色蔬果，少食涼性與酸澀瓜果：增加蔬菜類的攝取，儘量以深色類為主，而水果則少吃涼性（如瓜類水果：西瓜、香瓜、哈密瓜等）與酸澀果類（如檸檬、百香果、鳳梨、奇異果、番茄等）。尤其體質是寒涼型者就更要少食。可選擇葡萄、櫻桃、芭樂、荔枝、龍眼、釋迦、蘋果、枇杷等。但體質屬躁熱型的人則不要攝取太多熱性水果。蔬菜類可選擇紅鳳菜、波菜、莧菜、皇宮菜、川七葉、地瓜葉、南瓜等。很多人多會問我，吃多少？其實任何食物只要適量，適量就是最好的原則。

4.食用健康的油：壞油往往就是心血管疾病的來源之一，而好油可以避免壞油堆積在身體，堅果類所含的油脂大多都是好的油脂，只要不要攝取過量，對身體都有助益。比如足夠的omega-3 必需脂肪酸能降低身體的發炎反應，所以透過平日飲食適量攝取omega-3 脂肪酸高的食物，如鮭魚、鯖魚、鯡魚、秋刀魚等，以及大豆、核桃、亞麻仁籽等植物油，對於避免膽固醇過高和幫助生下聰明寶寶都有助益。

5.避免吃加工食物：加工食物中多添加硫化物、硼酸、硝酸鹽等刺激腸胃道的不良物質，長期食用會增加肝腎的負擔，進而影響免疫系統的運作。尤其皮膚容易過敏者更要避免加工食物，以免皮膚問題更為嚴重。多吃天然新鮮的食材，少吃加工的食物，就能減少許多不必要的過

敏問題。

　　想減少過敏問題，除了飲食外，還需要有良好的生活習慣，包括足夠的睡眠、適當的運動與減少壓力源等。

　　熬夜非常傷身，若肝膽無法得到充足休息時，將無法發揮最好的運作功能。至於超過幾點就算是熬夜呢？基本上過了晚上十一點就算熬夜了。也是對身體的過量負擔，只有完全躺平才能獲得真正的休息，因為「臥則血歸於肝」。躺平了，身體的血液會流到肝臟，這時肝臟才有充分的能量來幫助人體進行代謝與化合，許多輔酶需靠肝臟的協助合成，這些都是人體維持健康的來源。只有休息夠了，情緒才能穩定並調節壓力，也才不致造成經脈的阻塞，而影響了氣血的運行，使得身心出現各種不適症狀。

　　寶寶出生後，建議以全母乳哺餵至少六到八個月，且避免食用已確知對自己會產生過敏的食物。讓寶寶喝母乳，除了營養又天然，還能幫助寶寶調節免疫力，降低過敏發作的機率。

1-2 | 孕期Q&A

　　懷孕了！這是一件多麼令人開心與驚喜的美事，但隨之而來的是產後可能出現的生產紀念妊娠紋、濕疹、妊娠蕁麻疹，甚至是滿臉痤瘡，生病了但又怕吃藥會影響胎兒……許多的問題，讓人總是忐忑不安，孕期到底該如何保持健康，又保有膚質和好心情，甚至幫胎兒奠定良好的體質，且聽Dr. Lee娓娓道來。

孕期生病了怎麼辦？吃藥會影響胎兒嗎？

　　孕期生病了，在就診時一定要告知醫生已懷孕，不論是中醫或西醫的醫師，都會注意避免使用在孕期間不能用的藥物，所以倒不用過於擔憂因為生病而使用藥物會對胎兒有不利影響。

Q 如何預防和改善妊娠紋

A 許多孕媽咪會發現身體在腹部、臀部、大腿，甚至脖子、手臂都會出現宛如蚯蚓爬過的痕跡。一開始多呈現暗紅色，隨著時間轉為銀白色，這就是所謂的「妊娠紋」。臨床上有些人以為那是被撐開的血管，其實並不是，而是被撐破的彈性纖維與結締組織。因為皮膚無法承受短時間內快速被撐大所導致。

妊娠紋絕對是「預防重於治療」，但其實也和體質脫不了關係。有些人天生就不容易產生妊娠紋，但有些人儘管擦了許多保養品，卻還是會產生妊娠紋；但透過擦保養品加強滋養與按摩皮膚，也可加強皮膚的彈性。另外，多補充天然的膠原蛋白，如燕窩、白木耳、豬皮、地瓜葉、川七葉等，都是讓皮膚保有足夠纖維蛋白的來源，這也是增加皮膚韌性的方法。我們的皮膚就像橡皮筋，要讓它彈性十足，才不容易產生紋路。一條沒有彈性的橡皮筋，很容易一拉就斷，彈性十足的橡皮筋卻可以反覆纏繞許多次。

懷孕中後期維持適當的運動，除了可以避免體重快速的加重外，也有助於生產順利和維持皮膚彈性。例如走路、合適的瑜珈（別挑高難度的，維持均勻的呼吸和合宜的伸展為度）、和緩的游泳（但要避免人潮眾多的泳池，免得被「無影腳」踢到）等。若是容易流產的體質，一定要與醫師諮詢後，再決定運動的種類。

Q 如何避免過敏性鼻炎反覆發作

A 以我的臨床經驗觀察，有些人懷孕前就存在的過敏性鼻炎，在

孕期中發作的機率反而比沒有懷孕時來的少，不過「發作次數少」不等於「不會發作」。往往做完月子後又會回到原先過敏的狀況，這種情況多和體質密切相關，因為懷孕後體質多轉為較燥熱的現象，因此孕期若必須以中藥調理身體，可選擇涼補或平補的方式；產後才選用溫補或熱補的方式。所以，用藥前都必須諮詢醫師，了解自己體質後；再分階段選擇正確的調養方式，才能擁有一個健康的身體。

Q 吃藥膳也能改善妊娠蕁麻疹嗎？

A 由於孕婦體質的改變（依照西醫說法，是因荷爾蒙大幅變化所致），其中「妊娠蕁麻疹」與「妊娠濕疹」可說是孕婦感到最為困擾的兩大皮膚狀況。

蕁麻疹又稱「風疹塊」，其實不只發作在產婦的身上，任何年齡層的人都有可能急性發作，有人吃了不新鮮的海鮮，身上會迸發一塊塊的疹塊；有的人則是突然發作，在夜裡癢到難以入睡。在病因病機上多屬於血熱生風和血虛生風。

蕁麻疹和一般皮膚性的疾病（如濕疹）最大的不同就是，「沒有固定的部位」，可能一會在手臂發現，一下子又在大腿看到，過不久這些部位的蕁麻疹消失不見，卻又在其他部位發現新的蕁麻疹。所以又叫作「風疹塊」，因為就像風一樣，不會靜止、沒有固定場所、變化多端，一會出現過不久又消失不見。而以「塊」稱呼則是因為蕁麻疹發作時多是以塊狀呈現，比原本的皮膚來得凸起一些。

孕婦容易發作多是因為「血虛」，因為身體必須以氣血養胎，使得氣血循環比較差，若加上本身屬於血虛的體質，便很容易在懷孕期間發

生蕁麻疹。

處理的方法多以養血驅風藥為主，但用藥上則需諮詢醫師後再行服用，不可自行服用。有些養血的藥因為滋膩，容易增加腸胃的負擔，需加上健脾助運的藥材。

在飲食上可以多補充櫻桃、葡萄等水果，或以少許的龍眼肉燉稀飯，加強補血的效果。但容易長痤瘡的產婦，就要適量的服用，以免加重痤瘡的狀況。

如果剛好是蓮藕盛產期，以蓮藕入菜，如涼拌蓮藕、冰糖燉蓮藕或藕汁燉蜜，都有涼血、止渴、除煩的效果。若非盛產季節，可食用乾的蓮藕粉，先加些冷開水攪拌，再加入熱水拌勻，淋上蜂蜜，有止渴解熱的效果，還能幫助腸胃的運化及改善睡眠品質。

蓮藕

Q 妊娠濕疹怎麼辦？

A 妊娠濕疹多因外在的濕熱與內在的濕氣，兩邪相合而併發搔癢難忍的情況。有些孕婦的狀況嚴重，除了難忍的搔癢，皮膚表面還會滲出液體，使原本的濕疹範圍更加擴大，而更難痊癒。濕疹所患之處搔癢難忍，有些孕婦甚至抓至血痕斑斑，仍無法止癢。亦有些從未發過濕疹之人，卻容易在懷孕時，在四肢關節處、皮膚皺褶處，或與衣服摩擦處，出現表面色暗的紅癢斑塊，伴隨膚屑，嚴重者在表面會出現濕滑的液體，終日不乾。

此症多發生在容易蘊積濕熱的體質，因孕期體質改變，容易出現虛熱的現象，若是加上平時愛飲冰涼飲品，吃生冷食物，容易加重原本身體內濕氣鬱積的情形。若是孕婦本來就有過敏性的症狀，如早上容易打噴嚏、流鼻水，或平常就容易眼睛癢，或是容易咳嗽氣喘，就要特別

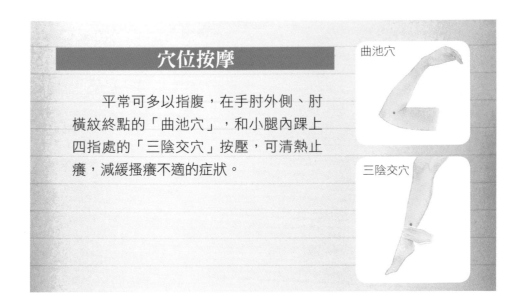

穴位按摩

平常可多以指腹，在手肘外側、肘橫紋終點的「曲池穴」，和小腿內踝上四指處的「三陰交穴」按壓，可清熱止癢，減緩搔癢不適的症狀。

曲池穴

三陰交穴

注意自己的飲食狀況，遠離冰冷與生冷的食物，同時避免烤炸、辛辣等刺激的食物，以免加重濕熱的狀況。平常在護理上應盡量維持患處的乾燥，避免悶熱與潮濕而加重病情。

Q 如何預防痤瘡？

    A 有很多人原本懷孕前並不會長痘痘，但在懷孕的中後期會出現許多痤瘡，嚴重者除了臉部，前胸與後背也會長滿痤瘡；這是因為孕媽咪容易出現怕熱與多汗的現象，若加上油脂分泌過多，很容易就冒出許多痘痘。以一般孕期的調理而言，在懷孕六到七個月後，可攝取少量的黃連（攝取量依每個人的體質而定，並非多才有效，且黃連亦不建議多服），少量便有清熱解毒的功能。

    滋補方面建議以涼補為主，不要熱補（如薑母鴨、羊肉爐或十全大補湯），除非是寒性的體質，否則很容易讓原本的熱象加重。雖然綠豆和薏仁都有利濕清熱的效果，但食療上建議選擇綠豆湯，因為薏仁並不是每個產婦都適合服用。大量的薏仁有活血的功能，在中醫典籍中便有一方稱作「薏苡附子敗醬散」，其中的薏苡仁和敗醬草就是以活血去瘀，治療腸部的癰膿。婦女們除了孕期要避免服用大量的薏仁，在生理期也不要服用，以免造成經血時間過長的狀況。

    對於已經產生的痘痘，在生產後痤瘡的生長便會改善，但有些人的體質對於黑色素沉澱所造成的痘疤，遲遲都無法淡化，這時便可在產後運用美白的中藥作為外敷內服之用，可選用薏仁、綠豆、茯苓、棗與白芷研磨的粉末，作為外敷之用。內服的藥，除了上述之藥外，還可以依個人體質再做加減，以適合每個人的情況使用。

◆Dr. Lee 小叮嚀◆

雖然薏仁有利水氣的功效，但懷孕時不建議攝取薏仁。因為薏仁有活血排膿的功效，所以這道粥只加入綠豆和山藥，以健脾利濕為主。

健脾利濕粥

食材
山藥適量、綠豆1兩、白米適量

作法
1.白米、綠豆洗淨，浸泡30分鐘。
2.山藥去皮，切方丁備用。
3.將做法1的食材加蓋，放入電鍋燉煮，將熟之際倒入山藥，再悶熟即可。喜愛微甜者，可以加入適量的冰糖。

功效
山藥有健脾胃利濕的功效。每星期可服用3~4次。

山藥　　　　　　　　綠豆　　　　　　　　白米

淡化痘疤美白茶

食材

金銀花15g、麥門冬15g、生甘草5片

作法

1.將藥材洗淨後裝入藥袋。
2.取700cc的水煮開，加入藥袋，轉小火再煮15分鐘即可。

功效

這道茶飲是針對懷孕期間有嚴重痤瘡的媽媽所設計，可消除痤瘡和淡化痘疤。坐完月子後，可每天飲用以淡化痘疤。

Q 「血虛」與「氣虛」如何調整？

A 女性朋友常有「血虛」與「氣虛」的問題，但大多數的人很難分清楚兩者的差異和自己的體質究竟屬於哪一種。「氣虛」型很怕冷，或冬天時很容易手腳冰冷。這類型的人也容易鼻子過敏，進而影響眼睛，常出現黑眼圈，容易疲累、乏力、想睡。

「血虛」型則多以身體的熱象表示，手腳常會覺得有煩熱的現象，如經常感到口乾舌燥、身體易感燥熱，而出現長痘、流汗，睡眠時易盜汗、多夢，或容易頭暈、健忘。

產婦的體質則多屬於「氣血大虛」型，就是氣虛同時又有血虛的現象。最常聽到媽媽們的描述就是一下子發冷，直接吹風會不舒服，但一下子又發熱，不開空調又覺得悶熱不舒。或是很容易流汗，但吹風之後又容易頭痛或感冒，不知道要怎樣調節室內的溫度。

對於這樣的狀況，可透過產後的調養來達到平衡，因產後的身體處於「空杯」狀態，也就是氣血兩虛，此時對於進補的藥材較平日能更快速的吸收，進而能達到滋補的功效。

血虛、氣虛症狀

體質	症狀
血虛	口乾舌燥，身體易感燥熱。 易長痘、流汗，睡眠易盜汗、多夢，或容易頭暈、健忘。
氣虛	怕冷，冬天時容易手腳冰冷。 鼻子過敏，黑眼圈，容易疲累、乏力、想睡。

Q 手麻怎麼辦？

A 有些婦女懷孕後期會出現兩手僵硬麻木的現象，尤其在晨起時，手指的活動會出現不靈活，大多必須要在活動後，狀況才會慢慢改善。有些孕婦卻一整天都會覺得手指僵硬感不退，甚至生產後狀況並未好轉，甚至不適感加重。

為什麼會出現這樣的情況呢？因為孕婦必須要將身體一部分的能量（氣血）濡養胎兒，也就是古人所謂「血以養胎」的道理。因為「肝主藏血也」，身體主要藏血的臟器是肝，而「肝開竅於目」，如果肝血不足，腎水又虧損的話，就會導致婦女產後出現兩眼模糊乾澀的狀況。

「肝血足則手能握、指能攝」，同樣的，肝血虛就可能出現兩眼模糊乾澀、兩手僵硬麻木、屈伸不利的狀況。了解了這個道理，要改善媽媽們的手麻、手僵問題，可以選用補養肝血的中藥（如當歸、雞血藤等），便可輕易解決這樣的困擾。 但由於手麻是內在的不足，必須調理才會痊癒，還是要找醫師處理。

當歸

Q 月子期間要少喝水，避免水腫？

A 許多孕婦在懷孕後期下肢會出現水腫的現象，久坐或久站後更是明顯；有些人還會合併產生妊娠高血壓，這些水腫現象在產後就會慢慢改善。但有少許人在產後，下肢依然水腫，甚至還比生產前腫得更厲害，這是因為下肢的代謝以及總體氣血循環變差，而生產後氣血大失，水腫的現象才會更嚴重。

在坐月子時透過中藥來補充氣血，便可幫助水腫消退。在臨床治療上，只要用藥物幫助身體推動氣血的循環，絕大多數的婦女都能在一星期內就有明顯的改善；快的話，甚至三、四天，就能恢復到產前的纖纖玉腿，消退的速度有時連產婦自己都十分驚訝呢！

古人所言：「氣為血之帥，氣行則血行。」這也是「陽生則陰長」之理，若陽氣無法推動陰血的循環，便會造成「血不利則為水」的狀況，也就是身體會產生水腫的現象。這些自古留傳的治病原理，應用在現今臨床治療疾病上，我常感嘆真是益發真實而可貴啊！

Q 什麼是妊娠糖尿病？

A 所謂的「妊娠糖尿病」是指懷孕前沒有糖尿病病史，但在懷孕時卻出現高血糖的現象。大約有3~4%的孕婦，在孕期中會出現妊娠糖尿病，通常發生在懷孕第24~28周時。

之所以會產生高血糖異常的現象，是因為產婦的胰島素受體，對胰島素敏感度降低，使得血糖偏高。因為血糖會隨著人類胎盤泌乳素（HPL）、動情素及黃體素等荷爾蒙分泌濃度的升高而改變，造成身體

對胰島素的阻力增加，而產生妊娠糖尿病。妊娠糖尿病高危險群包括高齡孕婦、二等親內有糖尿病史、有妊娠性毒血症、曾生產過巨嬰，或曾不明原因流產、死產者，以及較為肥胖者。

多數人不會有自覺明顯的症狀，有部分的孕婦會感覺容易疲倦或出現泌尿道頻繁的感染，甚至視力減退、看物模糊以及容易口渴等症狀。許多人以為是飲食造成妊娠糖尿病，其實吃甜食和水果並不會導致妊娠糖尿病。但若是檢查發現自己的血糖值異常者，就要注意平時飲食上的糖分攝取。

糖尿病在中醫屬於消渴的範疇，妊娠糖尿病則和脾有密切的關係。消渴的病人多見脾陰虛。在《證治匯補》中提到：「五臟之精悉運於脾，脾旺則心腎相交，脾健則津液自化，故參苓白朮散為收功之神藥。」

所以在中醫以健脾為主，配合甘淡養胃、益氣生清，可選用「參苓白朮散」，並可酌加酸甘化陰之品，如烏梅、五味子、麥門冬、熟地等。

預防之法，主要須注意自己的飲食和運動，避免體重及血糖值上升太多。平時可少量多餐，增加多樣穀類的攝取，如燕麥、糙米，並且少食冰冷寒涼之物，避免損傷脾胃之氣。

針對已經發生妊娠糖尿病的媽媽，也不必過於擔心及憂慮，只要好好控制飲食，飲食避免過量及過甜，並搭配日常合宜的運動，例如走路或適度的游泳，高血糖的狀況便會隨著產後而恢復正常的。

Q 孕期如何控制體重？

A 我跟每個媽媽一樣，很開心懷孕，但很擔心會發胖。記得第一胎我整個孕期胖了17公斤，那時我為了要讓小孩變得更白嫩，到了懷孕後期常常喝甘蔗汁。是的，小孩生出來是很白嫩，皮膚也很好，但是後期的我胖得超級快，幾乎一個月就增加2～3公斤。所以，記取這個教訓，第二胎時，我改成吃甘蔗火鍋，一星期最多只吃兩次，而且拒絕冷飲和甜飲。並掌握以下3個小秘訣，來控制孕期的體重：

1.養成每週量體重的習慣：透過每個星期的測量，我很清楚自己體重的變化。產檢前期是兩、三個月量一次，到了後期則是一個月量一次，但是往往發現自己體重增加得太快時，都太晚了！等到產後再來減重，對於要照顧小孩的媽媽更是辛苦，預防絕對勝於治療。養成每星期都量體重的習慣，拒絕冰飲和甜品，懷孕一樣可以健康又美麗，這也是我第二胎只增加十公斤的秘訣所在。

2.走路是最好的助產法寶：懷孕期最好的運動就是走路和游泳，尤其走路更是最好的助產法寶。以前農業時代阿嬤除了生得多也生得快，勞動是一個重要因素。現代人的工作往往久坐不動，對於生產其實不是很好。除了有些懷孕的婦女因為體質因素，容易少量出血或初期宮縮外，要注意每天的運動量，其他的孕媽咪多走路絕對是讓生產順利的最好方法。

3.游泳是最沒有負擔的運動：因為水中有浮力，可以避免加重孕媽媽關節和腰部的負擔。在水中也是最自然的按摩，可幫助身體氣血的循環順暢。氣血循環好就可維持皮膚的彈性，還能預防紝娠紋的發生，可謂一舉多得。

Q 孕期不可做哪些運動？

A 運動一定是可以做的。只是運動的強度和運動的種類，必須要因人而異，和孕程而做調整。

固定的運動對於生產順利和孕婦的體力都有幫助，除非是多發性流產體質或體力極虛的孕婦，或有先兆流產的徵兆等，必須多臥床多休息之外，絕大多數的人都可以維持原先已有的運動習慣，在不會特別喘或造成腰酸的情況下，繼續所喜愛的運動。

但不建議過於激烈或需要負重的運動，因為負重的重訓，往往必須要用力和使用腹部的力量，這個過程有時會刺激子宮宮縮而產生風險。至於哪些運動是特別適合的，走路是很好的運動，除了較溫和外，對於自然產在臨床的觀察上的確有所助益。

Q 什麼情況下需要安胎？

A 一般而言，正常的狀況下，懷孕過程都很順利，媽媽沒有任何的不適，就不需要刻意的吃藥「安胎」。但有些媽媽過去曾有流產，或出現先兆流產的現象，就必須要安胎。

「先兆流產」是指可能流產的早期徵兆。臨床上通常在妊娠早期，持續多天出現出血的現象，並同時伴隨下腹下墜感、腰酸、下腹疼痛等，中醫稱為「胎漏下血」。嚴重者甚至就會變成流產，故稱先兆流產。

為何會有流產的發生？粗淺的可分為幾大類因素，一是因為胚胎本身的發育缺陷，多為基因染色體的異常導致。其他則為環境的因素及母體的因素。

要避免先兆流產的發生，必須注意以下幾點事項：

第一、用藥需經醫師指導才可服用，因為有許多藥物在懷孕初期是不能服用的，恐有畸胎之虞，一般像是維他命A酸、某些抗癲癇藥物（Dilantin, Phenytoin）、抗凝血劑藥（Coumadin, Warfarin）、鎮定劑（Thalidomide）、人工荷爾蒙（DES）等。

第二、避免照X光或接觸其他具放射線危險的物質。

在中醫而言，容易出現先兆流產的體質，可分為氣血虛弱、腎氣不足兩大類，氣血皆虛的體質，不僅容易出現先兆流產，甚至容易成為習慣性流產的患者。首要治療必須先顧其氣，再補其血，日常不能太過勞累、熬夜，或提過重之物，這些都會加重身體的負擔。

腎氣不足可分為先天性及後天性。先天性為遺傳的體質。後天性則是可能經過生產或小產，卻沒有好好調補身體，以致於腎氣早衰，導致再次懷孕時，身體沒有足夠的腎氣養胎所致。

這些體質都可以透過中藥調理，甚至已出現先兆流產的症狀，透過調理還是能健康產下小孩。

最近就有好幾例這樣的例子，這些媽媽都很年輕，約莫三十歲上下，卻不約而同在懷孕初期發現有出血的現象，有的有伴隨腰酸，有的是伴隨噁心腹悶感，經過2～3週調理後，出血的狀況也都停止，也都安然產下寶寶。

所以，當有妊娠早期出血的情況發生，不要太過緊張或憂慮，也不可隨意自行服藥，應當找尋合適的醫師為其調理體質，並調整生活的作息，不要熬夜、過累、提重物、久坐或久站、以及避免性生活，維持心情的平穩。

古人留下許多所謂「安胎散」的藥方，如十三味安胎飲，這些都需要經過辯證後再行服用，且藥物的劑量更是影響到藥物的效用，若是自行隨意服用，反而會造成身體負擔。

　　一般常見的安胎藥分為重補氣、補血或補腎三大類。

　　補氣的中藥常見使用黃耆、黨參、白朮等。

　　補血的中藥則常用當歸、熟地、龍眼肉等。

　　補腎藥則常見杜仲、菟絲子、仙靈脾、續斷、桑寄生。

　　這些藥物雖然都是平和滋補的藥物，但是中醫治病講求的是辯證，才能真正達到藥到病除，建議有問題的病人，要求助於醫師，經過辯證後再行服藥才較妥當，也才能確保身體機能恢復應有的平衡與健康。

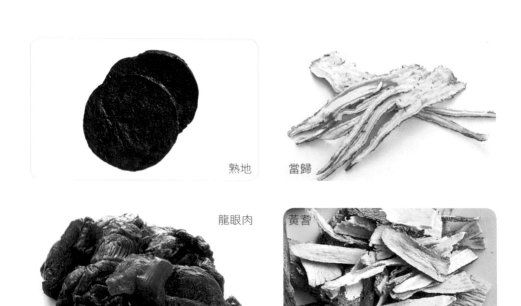

熟地　　　當歸

龍眼肉

黃耆

1-3 | 孕期營養全方位，
李醫師私房食譜

　　如何在孕期就提供一個最好的環境，讓胎兒健康成長茁壯，同時媽媽自己也能輕鬆度過？首重的就是營養，像是我自己很喜歡喝豆漿，記得小時候經過豆漿店，都可以聞到香濃的豆漿味。但現在卻很難發現又香又濃的豆漿了，不管是便利超商的、或是早餐店販售的、抑或是豆漿機製作的，都少了那個特殊的風味。其實，要喝到香醇古早味的豆漿並不難，只要在假日時空出個一小時左右，就有美味的豆漿喝囉。

　　以下提供幾道我的私房食譜和小訣竅，只要透過簡單的食材就能提供足夠養分給自己和胎兒，也可以兼顧養顏和美容喔。

**美白
食療方**　香濃手作豆漿、鮮甜甘蔗火鍋
　　　　孕媽咪們想要生下白白胖胖的胎兒，千萬不要錯過這兩道美白食療方喔。

香濃手作豆漿

食材

黃豆約一大碗，果汁機、鍋子、紗布濾網

作法

1.前一晚先將黃豆洗淨，浸泡在乾淨的冷水中約6小時。夏天可放入冰箱冷藏，避免食材悶壞。

2.將浸泡水的黃豆再次沖淨。

3.將黃豆加水，倒入果汁機研磨，比例約1：5（黃豆：水）。

4.將研磨後的黃豆汁放入鍋子中煮開。過程中一定要不停攪拌，以免鍋底燒焦。煮開後撈去表面的雜質泡泡，轉小火，再煮約20~30分鐘（需看所煮份量）。攪拌過程中會聞到陣陣的豆漿味，等到豆漿由白色轉為微黃色，再煮個10~15分鐘即可。可試喝看看，若無豆腥味即可。

6.靜置待溫度較不熱時，以紗布濾網過濾後，依個人口味添加砂糖量。

7.待全冷後便可以放入冰箱，要喝多少再倒出加溫。這樣每天都有好喝的豆漿可以品嚐呢。

功效

自己動作做的豆漿肯定沒有防腐劑，又最鮮濃美味。豆漿能調節血中脂肪量，增加骨質密度及幫助排便，所以懷孕期最好的飲料除了開水外，豆漿是另一個我覺得很好的營養補充品。

鮮甜甘蔗火鍋

食材

大約15公分長度的甘蔗3節、雞腳5隻、蔬菜和菇類、火鍋料適量

作法

1. 先將甘蔗打汁濾渣，雞腳川燙，都置旁備用。蔬菜洗淨，可以選擇紅蘿蔔、洋蔥、黑木耳、山藥和鮮菇搭配。
2. 將鍋子置入七分滿的水，煮滾，放入雞腳，小火燉煮20分鐘。
3. 倒入甘蔗汁，再放入自己喜歡的蔬菜或菇類燉煮即可。

功效

這道火鍋不需加其他的調味料，孕婦可以補充天然的膠原蛋白，又可以攝取足夠的維生素和纖維素。**加上甘蔗汁有改善孕吐的效果**，維生素可以幫助皮膚美白，避免懷孕期的色素沉澱。纖維素也可以幫助排便，可謂營養又美味。但是，建議一星期食用兩次便可，避免攝取太多的糖而成為體重的負擔。

◆Dr. Lee 小叮嚀◆

甘蔗性甘平、無毒。有和中助脾、消痰止渴、除心胸煩、止嘔噦反胃、寬胸膈的功效。李時珍說：「蔗，脾之果也。」其漿甘寒，能瀉火熱；煎煉成糖，則甘溫而助濕熱。所以，**如果有感冒咳嗽痰多的狀況，就先暫時不要喝甘蔗汁喔。**

天然補鈣法

味增豆腐鮭魚湯、外服內用珍珠粉

很多媽媽在懷孕後期很容易腳抽筋，大多都有睡到半夜，腳抽筋到痛醒的共同經驗，這是因為缺少了鈣，除了補充鈣片外，Dr. Lee還有更聰明、更天然且更容易吸收鈣的好方法喔。

味增豆腐鮭魚湯

食材

鮭魚頭1/2個、板豆腐1塊、味增2大匙、蔥1根、生薑3片、米酒少許、白芝麻粒1匙、海鹽少許

作法

1.先將鮭魚頭洗淨，切塊（不切亦可）。板豆腐切塊、蔥切花、生薑切絲。
2.將鍋子置入七分滿的水，煮滾，放入鮭魚頭，小火燉煮約30分鐘。用湯匙壓鮭魚頭，煮至軟散便可。再加入米酒和薑絲去腥提鮮。
3.放入豆腐和1小匙鹽，再煮10分鐘，熄火，再放入切細的蔥花。
4.芝麻放入烤箱烤香，將魚湯盛入碗中，灑入芝麻粒便成。

功效

這道湯是最好的鈣質來源，鮭魚頭有天然的膠原蛋白，同時富含鈣。豆腐的鈣質亦非常豐富。芝麻更是植物中含鈣質最豐富的，同時還有潤腸的功效，能幫助排便。

外服內用珍珠粉

懷孕後期容易因身體虛熱而開始長痤瘡，珍珠粉除了可以改善睡眠的品質外，對於痤瘡也有治療的效果。睡前洗淨臉，塗完乳液後再在痤瘡上薄敷珍珠粉，尤其針對紅腫發炎的大痘痘可以快速消腫痊癒。

珍珠粉性味甘鹹寒，入心肝二經。有鎮心安魂、收口生肌、治痘瘡、塗面好顏色等功效。內含多種胺基酸和微量元素，其中含有「甘胺酸」在人體內吸收後，能夠全身性的補充肌膚保水成分。而天然甲硫胺酸則可增加皮膚的彈性，牛磺酸可幫助促進體內血液的循環，且消除色素沉澱。

但珍珠粉的來源與製作過程很重要，必須要選取新鮮的珍珠透過水飛研磨到極細緻，才不傷腸胃而更好吸收。

懷孕七個月後再開始使用，不需過早使用，因其重鎮且較寒，過早服用恐造成宮縮提早。取極細的珍珠粉，**一天服用一小匙，約0.3g即可**。

珍珠粉

**天然的
膠原蛋白**

紅棗木耳湯、洋參燉雞腳

懷孕的女人是最美麗的， Dr. Lee教妳不用靠化妝，只要透過適當的食物來調養就能夠擁有Q彈紅潤好膚質。我最愛的就是這兩道湯品，也是保養我肌膚水嫩的天然吃的保養品。

紅棗木耳湯

食材

紅棗15顆、白木耳一大碗、冰糖少許、水一鍋

白木耳

紅棗

作法

1. 紅棗洗淨去籽捏碎。
2. 白木耳浸泡20分鐘，待其變軟後，撕成一小片，這樣有助於幫助膠原蛋白釋出。
3. 電鍋內鍋置入8分滿的水，外鍋加2碗水，放入白木耳先煮30分鐘。
4. 再放入紅棗續煮20分鐘。
5. 木耳燉爛呈現黏稠狀，最後放入冰糖調味。

功效

去籽後的紅棗不容易上火，也可使我們更快攝取紅棗內的豐富維生素。

白木耳有天然的膠原蛋白可維持肌膚Q彈，加上有非常好的水溶性膳食纖維幫助腸胃蠕動，維持腸道的健康。一星期可服用3~4次。

◆Dr. Lee 小秘訣 ◆

這道甜湯的快速煮法：將泡軟的木耳加水，放入果汁機中打勻後，再直接放入電鍋加紅棗燉熟即可。兩道甜湯的口感完全不一樣，第一種的煮法像是褒甜湯，第二種煮法像是喝木耳露，都非常美味好喝。

洋參燉雞腳

食材
西洋參切片10~15g、雞腳8隻（或雞腿2隻）、枸杞1大匙、生薑3片、鹽少許

作法
1. 將雞腳川燙，置旁備用。
2. 將鍋中到入八分滿的水，放入切片後的西洋參，煮20分，濾去藥材。
3. 加入雞腳和生薑煮20分。再放入枸杞煮3分鐘，最後加鹽調味即可。
4. 冬天時可加些許的米酒或黃酒，就會有暖和手腳的功效。

功效
西洋參性味甘苦涼，有補肺降火、生津除煩的功用。
枸杞性味甘平，可清肝、潤肺、滋腎、補虛勞、強筋骨，補腎明目的效果很好。也可以洗淨濾去水分後，直接放入冷凍庫，當成平常的小點心服用，吃起來像吃葡萄乾的感覺，但又不會像葡萄乾那樣甜，就連糖尿病的患者都可以把它當成是最健康的代糖使用，增加食物的甜味，卻不增加糖份的負擔。對於容易口乾口渴，還有解渴的功效。
一星期可食用2次

枸杞

西洋參

保濕美顏茶飲

清痘金銀茶、保濕二冬茶
孕婦多少都會有皮膚乾燥、痤瘡的問題，透過正確的調理，加強皮膚的保水度與潤澤度，就可遠離痤瘡的困擾，讓孕期也照樣有少女肌。

清痘金銀茶

藥材
金銀花10g、生甘草6g、冰糖少許

作法
將滾沸的水500~700cc悶浸藥材15分鐘。或以花茶壺燜煮10分鐘亦可。

功效
金銀花可以清熱解毒，對於痤瘡及皮膚疾病的治療有一定的功效，加上甘草除了瀉火外，還有補脾胃的功能。建議一星期使用2次便可，但是嚴重的大範圍痤瘡，還是要就診治療比較快好喔。

保濕二冬茶

藥材
麥門冬10g、天門冬10g

作法
500~700cc水煮開後，放入藥材，轉小火煮10分鐘即可。或以花茶壺煮10分亦可。

功效
麥門冬有滋潤生津的功效，並可以消痰止嗽，對孕婦除了有明目與悅顏的功效，還能止嘔吐和消浮腫，可謂一藥多效。天門冬則是具有潤澤肌膚和幫助通便的功效，但是性味較寒。
一星期可飲用2次，容易腹瀉的孕媽咪不宜飲用。

補血好眠飲

好眠茶、紅棗補血茶
許多孕媽咪都希望一夜好眠，尤其到了懷孕後期，會因為水腫和頻尿而打擾睡眠，如何能夠睡的香甜安穩，且能快速入睡，分享這2道好睡茶飲給媽媽們。

紅棗補血茶

食材
紅棗9顆、水300cc

作法
先將紅棗去籽，再用手將紅棗捏破（讓營養成分比較快出來），
浸泡20分鐘，再放入電鍋蒸15分鐘即可。

好眠茶

食材
茯神10g、紅棗（去心）7顆

作法
500~700cc水煮開後，轉小火再煮10分鐘
即可。或以花茶壺煮10分亦可。

功效
茯神入心，故能定志安神，針對懷孕時期
容易心神不寧、健忘、淺眠的孕婦，具有
補心、安神、助眠的功效。
紅棗入脾經，心能生血、脾則統血，補養
心脾使其生血及統血機能健運。氣色自然
能從內紅潤光澤，不用腮紅就能美的很優
雅。可以每天飲用直到失眠狀況改善。

✦ Dr. Lee 小秘訣 ✦

紅棗補血茶平常可兩天喝一杯，懷孕後期可以每天喝。如果懷孕時出現嘔吐不舒，可以再加入3片生薑，可改善嘔吐的狀況。如果到懷孕後期水腫嚴重，可以加入3片的白朮，可以幫助消水腫。如果難以入睡或是夜夢多，更可以加入3片的甘草一同煮，可以達到放鬆的效果，幫助睡眠。

生薑　　　　　　　　甘草

✦ Dr. Lee 改善孕吐有妙招 ✦

很多人問我，有什麼方法可以幫助孕婦不要孕吐或減緩？孕吐的原因主要是因肝血虛導致肝脾不和，可吃一些煙燻烏梅，加上穴道按摩幫助孕吐的舒緩。

內關穴按摩：
手的內側向上，先握拳；從手掌前端，往上量三指處即內關穴。用力按壓此穴道。

改善
孕吐

白梅茶

食材
炒白朮3錢、烏梅3錢

作法
將600cc水煮開後放入藥材,再用小火煮10分鐘即可。

功效
白朮可補脾,進飲食,有和中,止嘔吐、安胎等功效。烏梅可治吐逆反胃。

補腎固腰杜仲酒
這是我自己在生產前後不可或缺的秘密法寶，在懷孕時就開始準備月子期間
進補的藥膳酒。

補腎固腰杜仲酒

食材

炒杜仲1斤、黑豆3斤、米酒或米酒頭

作法

1. 選擇炮製好的杜仲斷絲備用（將杜仲輕折後會出現其中的白絲）。
2. 黑豆用乾鍋拌炒到微香，待冷。
3. 然後將這兩種藥材浸入酒中三個月便可。

功效

黑豆可治療妊娠的腰痛，還可消水腫，有兼顧補身和美體瘦身的功效。建議在懷孕初期便先準備，這樣月子期間便可服用。

我通常將這味酒拿來燉煮雞肉或排骨，然後食用其藥膳湯，便可以達到消水腫，又預防腰痛的功效。產後可以每兩天用來燉雞湯食用。

劑量：每次燉煮時，加入藥酒300cc.。

炒杜仲

黑豆

Part 2 坐好月子打造好體質
跟著中醫師吃最安心

　　坐月子時進補，身體能比較快速吸收調理的藥物或食材，較平時更有效地幫助身體。

　　舉凡過敏、手腳冰冷、月經不順、腰痠背痛、視力退化或掉髮情況，甚至是睡眠、腸胃等問題，都可以透過月子期間的調理，得到比平時更快速的改善。

2-1 | 認識食物的屬性

　　許多人一定常聽到醫師說少吃生冷食物。但是，究竟哪些食物屬於生冷的呢？

　　所謂的生，就是指未熟之食物。很多人身體不適就診時，都會很哀怨的告訴我，為什麼他們沒喝冰飲，身體卻還是不舒服？雖然沒碰冰飲，但卻忽略了生食這一部分。只要是**未煮熟之蔬菜或肉類，以及海鮮類都屬於生食之範疇**，每天早上喝的生機蔬果汁亦屬於生食。

　　飲食，無所謂最好或不好，適合自己體質的就是最好的，不適合自己體質的就是不好。有的人每天早上喝生機蔬果汁，感覺神清氣爽，有的人只要一碰生冷，馬上就腹瀉腹脹。當大家一窩瘋流行某種食物時，不見得就是最適合自己的。因為，每個人適合的「菜」都不一樣呢！

　　但究竟有哪些水果，屬於需要特別注意的呢？其實名字中有「瓜」的水果或蔬食幾乎都屬於涼性，但木瓜和南瓜不包含在其中，舉凡西瓜、香瓜、哈密瓜、小黃瓜、大黃瓜、苦瓜、冬瓜等，以及嚐起來帶酸

味的，像檸檬、鳳梨、葡萄柚、百香果、奇異果、番茄等。

那麼，有哪些水果屬於平性的呢？像是蘋果、芭樂、葡萄、櫻桃、枇杷等都屬於較溫和的平性蔬果，還有性味屬溫性的水果，如桂圓、荔枝、榴槤等，都是適合月子期間食用的水果。

其實，只要掌握不偏食某一樣食物，常常更換餐桌的蔬食，就可以吃的健康又均衡囉！月子期間建議蔬果類的攝取，盡量以深色類為主，少食涼性（瓜類水果如：西瓜、香瓜、哈密瓜等）與酸澀（如檸檬、百香果、鳳梨等）水果。蔬菜類，可選擇紅鳳菜、波菜、皇宮菜、川七葉、地瓜葉、南瓜等；水果類，可選擇葡萄、櫻桃、芭樂、荔枝、龍眼、香蕉、蘋果、枇杷等，才不會因為性味過於寒涼，而影響到身體的氣血循環。

月子期間，維持愉快心情、吃得飽與睡得好，盡量找時間休息，這段時間是許多職業婦女難得可以完全放鬆的日子，經由良好月子期間的調理，才能好好守護往後的身心狀況，所以坐月子可說是女人一生中最重要的日子呢！

2-2 | 產後藥膳湯的食用順序與功效

　　常常有產婦問我，坐月子到底要不要喝生化湯？以及為何要喝生化湯？甚至有些產婦會說，她的西醫醫師說不用喝，因為有可能會造成出血更多的情況。其實，這樣的說法就好像之前有媒體報導，有人在經行時，因為喝了四物湯導致月經不止。以訛傳訛，三人成虎的力量可真是大呢！

　　我們應該要去探究背後造成的原因，而不是讓恐懼凌駕，變得杯弓蛇影，以致於整天擔心得都不敢喝生化湯，但又怕不敢喝生化湯會影響到月子的進補。

　　說到月經不止，是否有人去探究經行淋漓、點滴不停，究竟是血熱、血虛、抑或是氣虛？如果是氣虛就該補氣，如果是血熱就該涼血，如果是血虛當然就應補血。但若是辯證不明，又如何奢望藥到病除呢？此非四物之罪也！

　　回到生化湯的話題，為何會有人認為喝了生化湯會大出血呢？造成血崩的原因又是因何？絕大多數都是因「氣不攝血」，這樣的產婦即

使沒有喝生化湯都有可能會發生血崩的現象，此時要給予產婦的當然不是生化湯，而是「獨參湯」。先固其氣，「氣足則血攝」。一位好的醫師，絕對會因病人狀況不同而使用不同的藥物，而不是怪罪到藥物身上，這同時也告訴我們，辯證是多麼的重要。

　　更何況生化湯不是生產後就馬上喝的，如果是自然產，大都是三到五天左右（我自己是產後兩天便開始服用），**若是剖腹產也都是五天後才服用。**但現在卻常見有的產婦過了一星期還是不敢喝生化湯，但又不敢不喝，拖拖拉拉到月子都已超過兩星期才服用生化湯，其排出的惡露，有時可見血塊夾雜，或是時見暗褐，時見鮮紅，錯失最佳使用的時機，導致新生的子宮內膜組織和舊有的夾雜而出，就會影響子宮修護的狀況。

怎麼排惡露？

　　為何要排惡露？怎麼排惡露？什麼是生化湯？以及使用生化湯最好時機？我簡單說明如下。

　　所謂的「惡露」，是指產後子宮內殘留的內膜組織與血液，以及胎盤剝落處的組織，會混合產道傷口分泌物和黏液等。而惡露排出的順暢與否，代表了子宮恢復的狀況。若是子宮收縮不良，代表恢復狀況不佳，而出血的量與時間就會拖得較久。

　　一般來說，惡露大概會持續約三週的時間。三週內，隨著子宮收縮減緩，子宮傷口逐漸復原，出血量也會逐日漸少，顏色會由紅色轉為褐色，再轉為淡黃色，而終至像平常的分泌物一樣。但並不是所有的產婦都會照這樣的順序，有的產婦會從紅色的惡露直接結束，有的產婦滴滴

漏漏、排排停停，拖個三、四十天也大有人在。

　　但自古醫家便有言「瘀去而後新生」，這位醫家其實是清代的傅青主（傅山，字青主）。所謂「瘀去而後新生」，便是將子宮內的惡露排乾淨，身體才能較輕鬆，容易再長新的子宮內膜組織。若是排出不暢，子宮內新生的速度自然會受影響，嚴重的情況甚至會造成產婦的腹痛或大出血。

　　這位明末清初的名醫家傅青主便言：「惡露，即系裹兒污血（子宮內膜組織及胎盤殘存組織），產時惡露隨下，則腹不痛產自安。若腹欠溫暖（受涼或受寒），或傷冷物（產後食用生冷瓜果、飲料等），以致惡露成塊，日久不散則虛證百出（造成身體百般不適的情況），或身熱骨蒸（身體自覺發熱甚），食少羸瘦（食慾差而身體消瘦），或五心煩熱（手腳心和胸口煩熱不舒），月水不行（造成往後月經問題或量少難出）。」

　　可見惡露順暢的排出是多重要，不然產後就很容易產生不同的病況，而這些病況有的卻無法用現代醫學的儀器檢測到，可能造成產婦身心不安的隱藏性危機。

　　在《景岳全書》中亦有提及生化湯有化瘀生新之功，能使瘀血得化、新血得生，以其功效，所以名之為「生化湯」（化瘀生新之意）。

生化湯的正確飲用法

　　有的人怕產後出血太多，而不敢喝生化湯；也有人認為生化湯可強身補體，所以產後連用二、三十幾帖；到底生化湯該如何飲用呢？其實，中藥的奧妙就在於藥材的部位不同或炮製不同，功效就不同；而使

用時機更是重要。

當歸應該用的是當歸身，功效是養血而中守。因為當歸尾有強化行血的功效，就會造成破血而下流。所以要特別注意，**婦女產後是不可用當歸尾。也不可使用當歸頭**，其功效為止血而上行。**桃仁則必須去皮尖炒研用**，才會有潤燥的功效。若是連著皮尖生用，則會有行血的功效。

當歸身

藥材的劑量與炮製也是一門學問，因為劑量與炮製的差異會造成藥物有不同、甚至是相反的功效，所以現代藥理學對藥材的研究，必須加上不同藥物的炮製功效比較，絕對不是單一種藥材研究，卻不考慮其炮製後的變化。

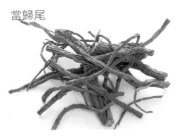

當歸尾

同一種藥材透過不同的炮製會產生不同的變化，古人便是用其中的差異性來決定治療的效果。中藥絕不是從單一面向去觀察，而是必須多方面的觀照到，這也是藥物有趣和值得深入精研之處。

桃仁

《傅青主女科》中生化湯的原方組成

當歸8錢、川芎3錢、桃仁14粒，去皮尖，研用、炮黑薑5分、炙甘草5分。

生化湯的使用時機如下，若是自然產，建議產後2～3天便可以開始喝，一般使用5～7帖即可，但是用藥必須因人而異及因證而異，也就是必須透過精準的辨證。若是**剖腹產，則建議生產後3～5天再開始服用，使用7～10帖便可**。但必須注意，服用生化湯時，切不可和子宮收縮西藥一起服用，這是避免同時間服用的藥物劑量過大。

現在有些人等到產後兩星期才服用生化湯，錯過最佳使用時機（目的幫助排出惡露，促進子宮內膜新生，當然還有養血、補血的功效）。所以，必須注意使用的藥物劑量與炮製，和時間，才能達到藥膳的功效。有些人因為服用不當或是不經辯證後使用，而出現不適的症狀，反而怪罪藥物，非藥之罪啊。若是因此因噎廢食，也不是產婦之福。

◆Dr. Lee 小叮嚀◆

服用生化湯時，切不可和子宮收縮西藥一起服用，這是避免同時間服用的藥物劑量過大。

生薑發表行水，產後煮食多用之，可以利水消腫（煮時不可去皮，功效才大）。
乾薑乃晒乾者，較辛辣。
黑薑乃炮黑者，留有溫性，但不易上火。

生薑　　　　乾薑　　　　黑薑

麻油雞酒何時吃？

生產後為何要吃麻油雞酒？麻油雞酒怎樣吃最健康？吃麻油雞酒會「上火」嗎？

麻油雞酒可說是我的拿手菜。首先，選用上好黑麻油，以小火溫熱，放入切片的老薑（不可放嫩薑），用小火慢慢爆香。當薑片由微黃轉為深黃，再放入汆燙後的雞肉，先用大火快炒，再轉中火繼續翻炒，直到雞肉的顏色微有咖啡（或稱為焦黃，不可炒焦喔）。雞肉和麻油薑片炒香後（吃起來會較有嚼勁且較香甜），就可以加入米酒（我加入的是全酒，不加水），煮滾後，再用小火慢煮到雞肉熟透便可。不敢喝酒味太重的人，只要將鍋蓋掀開，讓酒精完全揮發，就只留下甜味，微醺而不醉。

以上分享我的私房麻油雞的煮法，最重要的是要告訴大家，請將**麻油雞酒留到第二週再食用**。在產後第一週不要馬上就吃麻油雞酒，因為傷口還未完全復原，產婦又多有「痣」難伸。 **第一週的料理盡量以純雞湯、魚湯為主，可以用米酒水料理（我選用此）**。若是傷口未完全復原，一下子喝大量的麻油雞酒，很容易引起傷口的疼痛。

剖腹產與自然產的產婦，坐月子有什麼不一樣？

剖腹產的產婦恢復的速度和自然產會有差異，許多自然產的媽媽，在當天或隔天便能自己下床如廁；但是剖腹產的媽媽，體力恢復慢往往要到第三天後才能自行下床。有些剖腹產的媽媽也會覺得較往日更疲倦或無力，元氣恢復的較慢。坐月子時喝的**生化湯，剖腹產後3～5天再開始服用，使用7帖～10帖便可**。但必須注意，服用生化湯時，切不可和

子宮收縮西藥一起服用，這是避免同時間服用的藥物劑量過大。

　　其實在台灣，剖腹產的比例相當高，在歐美或日本大多鼓勵孕婦自然產，因為剖腹產的產婦比較容易出現腸胃道的問題，比如腸沾黏就是剖腹產婦女可能遇到的問題之一。所以我也鼓勵大家自然產，只要透過多走路和爬樓梯，多能順利且快速的生產。

雙胞胎、高齡產婦坐月子的注意事項

　　雙胞胎的媽媽最常遇到的問題就是乳汁不足，其實只要透過適當的食材就可幫助乳汁的分泌。其次是照護小孩的問題，為人母親尤其是新手媽媽，一次要照顧二個寶寶是很大的挑戰，除了生活會出現很大的轉變，體力和精神的付出，也幾乎是雙倍的分量。雙胞胎的媽媽一定需要家人全力的協助，其實這也是每個媽媽該獲得的，往好的方面想，撐過這段時間的辛苦付出，往後就輕鬆多了。多往正面想，就會有更多抗壓能量。

　　食療上，雙胞胎的媽媽需要補氣，可在藥膳中加入黃耆或黨參等，增強媽媽的體力。

　　高齡產婦除了懷孕期可能產生的妊娠糖尿病或妊娠高血壓等問題外，產後常會出現腰酸、視力減退、落髮、筋骨痠痛或無力的狀況，嚴重的甚至可能會出現耳鳴，這些其實都可歸結到腎氣衰退。除了體力和恢復力會較年輕的媽媽差外，腎氣的恢復也會較慢，所以高齡產婦在產後更要注意腎氣的調理。

　　不同類型的產婦各有不一樣的解決方案，以及不同調理的建議或規劃，建議必須諮詢醫師再對症調養，才能針對個人問題做全方位的解決。

32道私房月子餐，4階段調理，吃得健康不發胖

第一週：著重在恢復體力與排便順暢

1.首烏雞湯	幫助產婦生精養血，恢復體力。
2.黃精鮮魚湯	能補中益氣，滋補養顏，適合產後氣虛無力的產婦。
3.肉蓯蓉褒湯	能潤腸、養血，可預防產後的便祕。
4.熟地燉排骨	有止痛、助排惡露的功效。
5.黃耆補氣湯	能幫助產婦恢復氣力，顧養脾胃，還有消水腫的功效。
6.花生豬腳湯	高蛋白的食補，可幫助增加乳量。
7.茯神養心湯	有止痛、益氣的功效，還能改善產後健忘、失眠。
8.八寶粥	能養陰血滋五臟。

第二週：著重在排出惡露，利水消腫

9.苦茶油麵線	可預防產後便祕和落髮。
10.酒釀甜湯	改善腹瀉、鼻過敏、氣管過敏等症狀。
11.麻油雞湯	有滋潤的功效，可幫助排便。
12.茯苓燉魚湯	消水腫，生津止渴，安神入眠。
13.龍眼蘿蔔飯	改善產後的視力模糊、腹瀉、汗多等症狀。
14.消腫黑豆粥	改善水腫腳氣。
15.桂圓黑糖飲	溫經養血，幫助惡露排出。
16.補血紅豆湯	有補血利水、補鈣的功效，還能幫助惡露排出。

第三、四週：氣血雙補，補腎助筋骨

17.杜仲固腰湯	有行藥勢和溫暖手腳的功效。
18.熟地滋養腰花湯	可補血顧腎。
19.骨碎補煲排骨	能治腰酸、腿痛，改善胃寒痛的體質。
20.四君補氣湯	有消水腫、安神的功效，改善產後虛弱無力的症狀。
21.胡桃護腎羊肉湯	補氣顧腎，緩解產後腹痛。
22.發奶豬腳煲湯	舒血補氣，幫助乳量的增加。
23.首烏黑豆燉雞腿	消水腫、改善腰痛，預防產後落髮。
24.山藥通乳湯	補腎填精，是發乳的最佳食膳。
25.蓮藕排骨湯	顧腸健胃、安神入眠的功效，還能幫助清除產後淤血。
26.紅棗荵蕤鮮魚湯	安神入眠，改善產婦容易口渴的症狀。
27.骨碎補煲排骨	有止血的功效，可幫助收惡露。
28.松子芝麻燉鮮魚	可幫助乳汁的豐沛與營養，是最好的發奶聖品。
29.八珍雙補湯	調養產後氣血俱虛，幫助恢復元氣。
30.黃酒燉鮮蝦	可幫助泌乳發奶。
31.當歸玉竹羊肉湯	能養血護膚。
32.固腎海參湯	有滋胃補血、潤腸通便的功效。

（食譜份量皆為一人份）

2-3 | 月子食譜第一週：
著重在恢復體力與排便順暢

　　飲食建議**不要加入酒和麻油**，但米酒水是可以的。產後也不要馬上食用麻油，**可選用苦茶油做料理用油**。

　　藥膳調理需要注重的部分：

　　一、**幫助排惡露**：可服用生化湯，避免在產後第一週洗頭，並可服用黑糖燉煮的甜食或服用酒釀。

　　二、**幫助泌乳順暢**：可多食豬腳燉花生（可加入適量香菜。這是中藥中的發物，有助於發乳）；或是多食用魚湯，可加不去皮的生薑（如果水腫嚴重，可選用鱸魚，不要使用深海魚，有重金屬污染之慮）。

Dr. Lee第一周的飲食清單

除了每天服用生化湯外，我都選擇甜甜的八寶粥（用黑糖和米酒水燉煮）和桂圓甜酒釀（桂圓除了溫補，還有補血的功效）當早餐；中午與晚上的飲食以清蒸鮮魚或魚湯的料理為主。

因為第一周不建議喝麻油雞酒，所以蛋白質的來源除了魚湯外，便是服用雞精。不是外面買的小罐裝雞精，而是用蒸餾的方式萃取而出的精華。

蔬菜則避免寒涼類的（如瓜類、白菜、白蘿蔔），若不清楚食物的涼寒性，只要選擇深綠色蔬菜就沒錯啦；最好以苦茶油或是汆燙處理。水果同樣避免寒涼類，以補血類的為主，如葡萄、櫻桃。如果不清楚水果屬性的，則選擇甜甜的水果，而非酸酸的水果就對了。

1. 首烏雞湯

食材

何首烏4錢、熟地2錢、
紅棗5顆、生薑5片（薄
切）

作法

1. 先將雞肉切塊，川燙後備用。

2. 將藥材先加適量的水，煮15~20分鐘。

3. 待藥汁味道出來後，加入雞肉、生薑燉至熟透即
   可。

功效

何首烏為滋補良藥，能養血、強筋、助骨，生產後
因為失血量極多，適合入菜食用。

熟地為補血上劑，並可治胎產百病，為坐月子進補
不可或缺的上藥之一。

何首烏和熟地都可幫助產婦生精養血，以及恢復體
力。

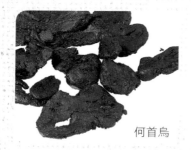

何首烏

熟地

2. 黃精鮮魚湯

食材
鮮魚適量、黃精4錢、
生薑5片（切細絲）、
蔥花少許、米酒少許

作法
1.將藥材先用水煮15~20分鐘，待藥汁味道出來。
2.加入鮮魚與米酒水，煮至熟即可。
3.熄火前加入蔥花和薑絲即可。

功效
黃精能補中益氣、填筋、助骨，對於生產後氣虛無
力的產婦，能夠幫助恢復體力，並具有滋補養顏的
功效。

3. 肉蓯蓉褒湯

食材
排骨、肉蓯蓉2錢、當歸2錢、龍眼肉7粒、生薑5片（薄切）

作法
1. 排骨川燙後備用。
2. 將藥材（除當歸）加入排骨先加適量的米酒水，燉至排骨熟透即可。
3. 熄火前加入當歸，微悶5分鐘即可。

功效
肉蓯蓉能峻補精血，能益髓、強筋。當歸為和血、養血、潤腸胃。兩者都有幫助排便的效果，對於生產後容易便秘的產婦，也有預防便秘的功效。

4. 熟地燉排骨

食材
熟地3錢、川芎1錢、紅棗5顆、生薑5片（切細絲）、米酒少許

作法
1.將藥材先加適量的米酒水煮15~20分鐘，待藥汁味道出來。
2.加入川燙的排骨、生薑，煮至熟即可。

功效
熟地為補血上劑，並可治胎產百病，為坐月子進補不可或缺的上藥之一。川芎能養血、生肌、止痛，對於生產後血虛腹痛的產婦，有止痛、助排惡露的功效。

5. 黃耆補氣湯

食材
豬肝適量、黃耆3錢、
雲茯苓2錢、生薑3片
（切細絲）

作法
1.將藥材先加適量的米酒水煮15~20分鐘，待藥汁
　味道出來。
2.加入切片的豬肝、生薑、紅棗，煮至熟即可。

功效
黃耆為補氣上藥，並能生血、生肌，為體虛氣弱的
產婦進補的良藥。雲茯苓能寧心益氣，助脾利濕，
對於生產後氣血兩虛的產婦，除了可以幫助恢復氣
力，也有顧養脾胃，消水腫的功效。

6. 花生豬腳湯

食材
豬腳適量、花生、核桃（敲碎）、生薑5片（薄切）、米
酒少許

作法
1.將豬腳川燙後備用。
2.將藥材加入適量的米酒水和豬腳，煮至爛熟即可。

功效
花生能潤肺、舒脾，具有豐富的蛋白質，又稱長壽果。
核桃則為補腎和補腦的良藥。其性味功用為「味甘氣
熱，入腎，能溫肺潤腸，補氣養血。上能治虛寒喘嗽，
下治腰腳虛痛，內治心腹諸痛、外治瘡腫諸毒。」

**產後前二週飲用這道食療，花生和胡桃都去皮用；產後
第三周以後，便可以連皮用。**因為前二周是產婦排惡露
主要的時間，花生衣和胡桃皮都有收澀的效果，反而不
利惡露排出，加上產後二周許多產婦的痔瘡都未完全痊
癒，去皮的花生和胡桃潤腸的效果較好，可以加強排便
的通暢，避免痔瘡的加重。
這道湯為高蛋白質的食補，可以幫助增加乳量。

7. 茯神養心湯

食材

雞肉適量、茯神2錢、甘草3片、生薑3片（切細絲）、米酒水少許

作法

1.將藥材加入適量的米酒水先煮15分。
2.加入切片的雞肉、薑絲煮至熟即可。

功效

茯神有助心、益智、療健忘的功效，適合容易健忘、失眠的產婦。甘草能止痛、生肌、益氣助脾。

8. 八寶粥

食材

大紅豆30g、小紅豆30g、蓮子30g、紫米30g、燕麥30g、蕎麥30g、小米30g、麥片30g、圓糯30g、米酒水適量、龍眼肉1湯匙、砂糖與黑糖各少許（2：1）

作法

1. 大紅豆和小紅豆泡水2小時， 蓮子和紫米泡水1小時，倒掉浸泡的水，洗淨備用。
2. 將洗淨的大紅豆、小紅豆、 蓮子和紫米放入湯鍋，加入米酒水煮滾，續煮到食材變軟，關火。蓋上鍋蓋，再燜1小時。
3. 將其他食材洗淨加入湯鍋，再加入米酒水，煮滾，關小火續煮10~15分鐘。偶而攪動一下以免鍋底結粑。關火，放置15分鐘後即可食用。
4. 拿另外一個小鍋，將米酒水加入砂糖和黑糖，煮開至糖完全溶化即可。依個人喜愛適量加入八寶粥中食用。

功效

養陰血滋五臟。

龍眼肉

蓮子

2-4 月子食譜第二週：
著重在排出惡露，利水消腫

　　產後第二週可以開始喝麻油雞湯或麻油腰子湯、杜仲腰花湯。而芝麻性味甘平，能潤五臟、益肝腎、堅筋骨、烏髭髮，還有潤腸通便的效果，是產後很好的食療。

　　蔬菜類除了深綠色的蔬菜，深黃色或深紅色也都是很好的，例如南瓜、地瓜、紅鳳菜、紅蘿蔔。

　　調理則需要注意：如果這時候**水腫還遲遲未消，可以吃些黑糖燉紅豆湯。在使用生薑時也不要去皮，以免削減其消水腫的功效**。臨床上常常可見產前水腫的孕婦，產後也很容易突然水腫，多見於雙腳或雙手。許多孕婦都會很緊張，這其實是因為產後氣血大虛，人體的循環與代謝較差，只要適時用中藥調理，水腫多能在3~5天消退。

　　其次，我很推薦大家服用黑豆酒。這是一道古老的中藥方，對於產婦非常好，尤其針對腰背容易酸痛的女性，更要趁著月子期間好好調理。黑豆能補腎、利水、消腫，並能祛風、活血、解毒，還能治產後中風危篤及妊娠腰痛。所以我除了服用麻油系列的藥膳外，黑豆酒燉雞湯也是月子期間絕對不能少的一道藥膳。

Dr.Lee第二周的飲食清單

　　記得我剛坐完月子就到月子中心去看診，護士小姐看到我，很驚訝說：「李醫師，妳的氣色比懷孕時更好耶！」

　　月子對於女人是非常重要的一段休養生息的時間，月子坐得好便能將體質調整到平衡的狀態，女人就會「月」做「月」美麗。如果月子坐不好就可能有產後問題，例如：腰痠、手腳冰冷、產後落髮、眼睛問題、情緒障礙等。

　　其實，坐月子的秘訣就是針對自己的體質，透過食物與藥物的結合功效，該補的不能少。趁月子期間好好調理，除了身體能顧好外，皮膚與身材同樣可維持和少女一樣喔。

　　懷孕時，我就在家中廚房準備好一罐又一罐黑黑的藥酒，這可是我的珍寶呢！醞釀了好幾個月的時間，就等著產後好好調補身體用。其中最大罐的就是「加味十全大補酒」，裡面除了傳統十全大補的藥材，還加入固腎的藥材，如杜仲、補骨脂、胡桃肉等，以及可以美容養顏的黃精、玉竹等。這最大罐的藥酒當然全都被我喝光光了。

加味十全大補酒

食材

肉桂、黃耆、雲茯苓、黨參、白朮、當歸、川芎、芍藥、熟地、甘草。
可再加入杜仲、補骨脂、胡桃肉等固腎的藥材。

甘草

熟地

黨參

炒白朮

雲茯苓

黃耆

芍藥

肉桂

川芎

當歸

9. 苦茶油麵線

食材

麵線1碗、苦茶油1匙、黑芝麻少許、水1/2鍋

作法

1. 將水煮開，放入麵線煮熟。
2. 撈起瀝乾，趁熱拌入苦茶油。
3. 將黑芝麻先放入烤箱微烤到香，灑在麵線上即可。

功效

苦茶油含較高的單元不飽和脂肪酸，對健康很有助益。能改善產後容易上火的體質。黑芝麻可以潤五臟、利大小腸，助排便，且可以烏髮堅骨。產後食用可以預防便秘和落髮。

◆**Dr. Lee 小秘訣**◆

我坐月子時，每天的早餐都少不了酒釀這道美味又溫補的佳餚。而且加入不同的食材，風味
不又同，有時可以變化湯圓的內容，
也可以只打個蛋花，甚至放幾個
甜甜枸杞或龍眼，都有不同的甜
蜜滋味呢！

10. 酒釀甜湯

食材
酒釀3大匙、芝麻大湯圓3~5個（或小湯圓）、米酒水1.5碗

作法
將米酒水用大火煮開後，放入湯圓，用中火煮到湯圓浮在水面，再轉小火靜待30秒。加入酒釀攪勻即可。

功效
酒釀性味甘熱，能補脾肺虛寒，產婦體質如果容易腹瀉，或有鼻子、氣管過敏的產婦，特別合適在月子期間服用。酒釀還有幫助排惡露的效果，也可以幫助產後乳汁的分泌。

◆Dr. Lee 小秘訣◆

使用生薑時不要去皮，才有消水腫的
功效喔。

11. 麻油雞湯

食材

雞腿1隻、老薑7大片、米酒1大碗、麻油2大匙

作法

1.將雞腿切塊川燙。

2.老薑不去皮，洗淨切片。

3.加入麻油，小火熱鍋，放入老薑片，以小火爆香到薑片微
黃，再放入雞肉翻炒到兩面呈現黃棕色，倒入米酒和等比
例的水煮滾。也可用全酒。

功效

麻油性味甘平，能潤五臟、堅筋骨、同時有滋潤的功效，
可以幫助產婦排便。

生薑性味辛溫，能行血痺、袪寒發表、開痰下食，有預防
產後受風寒感冒的功效。

薑皮辛涼，不去皮一方面可以幫助產後利水消腫，再方面
則能緩和生薑的溫性，使產婦不致於吃了麻油雞後就口乾
口渴。

12. 茯苓燉魚湯

食材
虱目魚肚1片、雲茯苓10g、生薑3片切絲、米酒水3大碗、米酒少許、羅勒葉（九層塔）少許

作法
1.將虱目魚肚洗淨，畫刀微切斜紋。
2.雲茯苓先和米酒水煮15分鐘，濾去雲茯苓。
3.放入虱目魚肚大火快煮3分鐘，轉小火再煮5分鐘。
4.放入薑絲，加入少許米酒提味。
5.熄火灑上九層塔即可。

功效
雲茯苓性味甘溫益脾，淡滲利竅除濕。可以幫助消水腫，且能生津止渴。還能安神助眠，改善產後睡眠不安、多夢，可説是一藥多用途。
羅勒辛溫，其芳香油有利於消化系統，可刺激膽汁的分泌，達到開胃的效果。也可改善腸胃虛寒型的腹痛。

13. 龍眼蘿蔔飯

食材

龍眼肉3大匙、紅蘿蔔
1/2條切塊、米酒1大
碗、圓糯米1大碗

作法

1. 將糯米先浸泡1小時，濾去水，加米酒。
2. 將龍眼肉和蘿蔔放入電鍋和米共蒸。
3. 外鍋加1/2杯的水即可。

功效

龍眼肉性味甘溫，入脾經，能養心補血，很適合產
後失血的產婦食用。

紅蘿蔔性味甘平，含豐富的胡蘿蔔素，能夠在體內
轉變為維生素A，對於產後容易眼睛模糊的媽媽，
是最天然的保養眼睛的食物。

糯米性味甘溫，能補脾肺虛寒，可改善產後腹瀉或
汗多的症狀。

14.消腫黑豆粥

食材

黑豆1/2碗、紫米1/2碗、
紅棗去籽7顆、水3大碗

作法

1.將黑豆先浸泡2小時，紫米浸泡1小時。

2.將黑豆、紫米、紅棗放入電鍋，加入水共煮到熟
即可。外鍋加1/2杯的水即可。

功效

黑豆能補腎、利水、消腫，並能祛風、活血、解
毒，還能治產後中風危篤及妊娠腰痛。產後的媽
媽需要將子宮內的惡露排乾淨，加上紅棗，就有
行水活血功效。

15. 桂圓黑糖飲

食材
黑糖1大湯匙、桂圓肉5錢

作法
1.滾水500cc加入桂圓肉，悶泡5~10分鐘。
2.再加入黑糖拌勻即可。

功效
幫助溫經養血，加強子宮收縮以助惡露排出。
一天可食用一杯，產後服用10~15天。

16. 補血紅豆湯

食材
紅豆1/2碗、黑糖少許、
米酒水3大碗

黑砂糖

作法
1.將紅豆先浸泡30分鐘。
2.放入電鍋，加3碗米酒水，外鍋加入1碗水共煮
　到熟。
3.再加上少許黑糖調味即可。

功效
紅豆性味甘平，色赤入心，有補養之效，又有利
水之功，針對產後失血的婦女是很好的食療方。
黑糖含高單位的鐵和鈣，有補血和補鈣的功效，
還可幫助子宮收縮和惡露的順利排出。

2-5 月子食譜第三、四週：
氣血雙補，補腎助筋骨

　　產後第三與四週，要加強的是補足腎氣和恢復體力，選用的藥材比較偏重補氣和養腎。「加味黑豆酒」和「杜仲酒」是我第三周和第四周主要進補的內容。

　　許多餵母乳的媽媽會擔心，喝酒會讓baby一起醉，其實在燉煮的過程中，酒精的成分幾乎都揮發了，剩下的是最精華的滋補成分。有些中藥方甚至必須加入黃酒一起燉煮。因為酒有行藥勢的功能，幫助中藥的功效更快發揮。而透過浸泡的過程更容易萃提出藥材的有效成分。

　　所以我很鼓勵產婦們醞釀一罐屬於自己的藥酒，好好照顧產後的身體，才有更多的體力來照顧可愛的baby。

Dr.Lee 第三、四周的飲食清單

　　常常聽到病人說我的皮膚怎會這麼好，其實我的皮膚在求學時期也是一團糟，反而是生產後皮膚的膚質和彈性更好了！

　　從看診經驗中，我體會出坐月子真的非常重要，如果月子坐的好，原本體質不佳狀況可以一併改善，但是如果坐不好，往後的身體卻可能走下坡，一路老化。所以透過正確的養身觀念和食補，為往後奠下健康的基礎。趁這三十天，收穫一輩子，何樂而不為呢。

17. 杜仲固腰湯

食材

腰子1副、杜仲15g、老薑片9片、黑麻油1大匙、米酒1/2瓶、米酒水300cc

作法

1. 將米酒和米酒水一起煮開，放入杜仲煮15分鐘。
2. 撈去杜仲，將剩下的杜仲水放置一旁。
3. 將腰子切塊、切刀花後，快速放入滾水中撈起。
4. 黑麻油用小火燒至微香，放入老薑片，注意溫度不要太高。先用小火將薑片煎黃，再放入腰花快速拌炒兩下，倒入杜仲水即可。

功效

吃腰子可以補腰子嗎？這是很多人的疑問，其實以形補形是古人流傳下來的智慧，但是其背後的含意不僅是吃什麼補什麼，而是做為引藥，也就是多了這味食材，能帶領補腎的藥材直接到它們該去的地方，加強其藥效。

腰子可以引補腎藥入腎，能將杜仲的藥效發揮到最大。

在第一週時建議可以先以米酒水，比較不會刺激傷口。第三、四周就可以選用全酒入藥膳，有行藥勢，和溫暖手腳的功效。如果月子坐的好，手腳冰冷的問題也可以一併解決呢。

◆Dr. Lee 小秘訣◆

這道杜仲固腰湯，烹煮的要訣是，不要用大火爆香老薑，因高溫容易使薑流失營養成分，麻油用小火煮也比較不易上火。怕酒味的媽媽可以選用半酒水的方式。

18. 熟地滋養腰花湯

食材

腰子1副、熟地12g、枸杞少許、老薑片5片、麻油2大匙、米酒（或米酒）水適量

枸杞

作法

1.腰子對切後，去掉白筋，再斜切花紋，快速汆燙置旁。

2.將薑片和麻油用小火爆香，加入米酒（或米酒水）煮滾後，轉小火，放入熟地、枸杞煮15~20分鐘左右。

3.再放入腰花，大火煮2~3分鐘即可。

功效

可補血顧腎。

19. 補骨脂腰花湯

食材

腰子1副、補骨脂6g、小茴香少許（另包）、老薑片5片、米酒（或米酒水）適量

小茴香

作法

1.腰子對切後，去掉白筋，再斜切花紋，快速汆燙置旁。

2.先將米酒（或米酒水）加入補骨脂、小茴香少許（另包）、薑片煮20分鐘。

3.放入腰花，煮3~5分鐘即可。

功效

補骨脂辛苦大溫，是入心包、命門二經的藥材，能暖丹田、壯元陽。治腰酸、膝痛、腹瀉、及改善容易滑胎的體質。

小茴香辛平，能促進消化，理氣溫胃。能有效改善胃寒痛的體質。

20. 四君補氣湯

食材
排骨半斤、黨參10g、白朮10g、茯苓5g、生甘草七7片、米酒
（或米酒水）適量

作法
1.排骨川燙置旁備用。
2.將米酒或米酒水加入所有藥材，煮15~20分後，濾去藥材。
3.再放排骨煮20~30分即可。

功效
黨參，性味甘平，能補中益氣、和脾胃、除煩渴，補氣卻不易上火。
白朮，平補氣血，還能生津液，能改善產後容易虛煩口渴的情況。
茯苓，能寧心益氣，幫助產婦安神入眠。也是很好的消水腫藥材之一。

這道補氣湯不但能消水腫又安神，還能有效改善婦女產後虛弱無力的狀況。

21. 核桃護腎羊肉湯

食材
羊肉半斤、當歸6g、胡桃20g、老薑片5片、枸杞6g、米酒（或米酒水）適量

作法
1. 羊肉川燙置旁備用。
2. 先將米酒（或米酒水）加入核桃、薑片和羊肉，煮到羊肉軟散。
3. 再放入當歸、枸杞，煮3~5分鐘即可。

功效
羊肉性味甘熱，能補虛勞、益氣血。在漢代醫書就有一道當歸生薑羊肉湯，用來治療婦人產後的腹痛，所以這道湯不僅是能補氣顧腎，還能緩解產後的腹痛問題。

核桃補肺腎，上能治虛寒喘嗽、下能治腰腳虛痛、內能治心腹諸痛、外能療諸瘡腫毒。

枸杞，性味甘平，可潤肺滋腎，補虛勞，強筋骨。也因其滋腎的功效，故能明目。

產後的婦女眼睛特別容易疲勞，可多服這道核桃護腎湯來滋補身體。

◆**Dr. Lee** 小叮嚀◆

香菜為發物，針對產後乳汁不足，可幫助發奶。但香菜也可幫助皮膚體表的血液循環，也就是能使疹毒透發。產婦如果有皮膚問題，例如蕁麻疹、濕疹，就要斟酌使用。

22. 發奶豬腳褒湯

食材
豬腳半斤、紅棗7顆、通草5g、老薑片5片、香菜少許、米酒（或米酒水）適量

作法
1. 豬腳先川燙置旁。
2. 將米酒（或米酒水）加入薑片、通草、紅棗煮滾後，和豬腳燉煮約1小時。
3. 起鍋前灑上香菜即可。

功效
這道豬腳褒湯，除了富含豐富的蛋白質外，並有補血舒氣的功效，可以幫助乳量的增加。

◆Dr. Lee 小秘訣◆

我自己產後必喝的燉補湯就是加入黑豆的
藥膳。在月子期間，我建議妳不要食用綠
豆，但可多喝些黑豆湯或黑豆水，因為黑
豆有活血解毒和消腫止痛的功效。

23. 首烏黑豆燉雞腿

食材
雞腿一隻、首烏10g、黑豆半碗、川芎2g、米酒或米酒水適
量、薑絲適量

作法
1. 雞腿切塊，川燙置旁備用。
2. 將首烏、黑豆和米酒燉煮20分後，濾去藥材，放入雞腿和
   川芎，用中火煮7~10分鐘。
3. 關火再放入薑絲即可。

功效
何首烏有強健筋骨、烏髭髮的功效，能預防產後的落髮。
黑豆可消水腫，改善產後的腰痛。
川芎能補肝血，止痛散瘀，幫助產後惡露的排出。劑量上不
建議太大，少量便能達到功效。

24. 山藥通乳湯

食材
排骨1斤、山藥500g、香菜少許、老薑片5片、米酒（或米酒水）適量

作法
1.排骨川燙置旁備用。
2.先將米酒（或米酒水）加入薑片煮滾後，放入排骨煮30分鐘。
3.再放入切塊的山藥，煮3~5分鐘。
4.灑上香菜即可。

功效
山藥入脾、肺二經，新鮮山藥中黏黏的液質含有消化酵素，能促進消化。
部分山藥中所含的皂甘（Diosgenin）是人體內製造性荷爾蒙的重要成份，
可補腎填精。但要注意的是不能久煮，不然會影響其補腎的功效。
香菜是發物。古代在小孩生痘疹時，會用少許的黃酒浸泡香菜來噴皮膚，
就是要讓痘疹發的順暢，才不會內陷讓病情惡化。所以香菜具有發性，最
適合用來發乳。

25. 蓮藕排骨湯

食材

排骨適量、蓮藕2節、薑絲少許、米酒（或米酒水）適量

作法

1. 蓮藕洗淨後，川燙置旁備用。
2. 將米酒（或米酒水）加入薑片煮滾後，放入排骨，煮30分鐘。
3. 放入切塊的山藥，再煮3~5分鐘。
4. 灑上香菜即可。

功效

蓮藕煮熟後性味甘溫，能益胃、補心、止瀉。是產後很好的化瘀食材，除了熱量非常低之外，還能幫助清除產後瘀血。

產後忌所有的生冷食物，只有蓮藕不用忌吃，因蓮藕能散瘀血。

蓮藕還有固腸健胃、安神入眠的功效，能改善容易腹瀉的體質和不容易入睡的症狀。

26. 紅棗葳蕤鮮魚湯

食材
鮮魚1尾、紅棗7~9個、
葳蕤（玉竹）10g、薑
絲適量、米酒（或米酒
水）適量

作法
1.鮮魚洗淨、切塊。
2.將米酒加入紅棗、葳蕤，用小火煮10~15分鐘。
3.放入鮮魚，大火煮7~10分鐘。
4.灑上薑絲即可。

功效
紅棗能夠幫助產婦安神入眠。
葳蕤可以改善產婦容易口渴的狀況。

27. 骨碎補褒排骨

食材
排骨1斤、骨碎補15g、
黑棗7顆、米酒（或米酒
水）適量

作法
1.排骨川燙置旁備用。
2.將骨碎補、黑棗和米酒煮10分鐘。
3.放入排骨，再煮30分鐘即可。

功效
這道補湯不建議在產後初期服用，因為骨碎補的其
中一個功效是止血。但有些婦女到了月子後期，惡
露仍舊滴滴答答，甚或是排量很多，喝這道補湯可
以幫助收惡露。

28. 松子芝麻蒸鮮魚

食材
鮮魚1尾、松子10g、
黑白芝麻各1g、薑絲少
許、蔥段2條、米酒適
量、香油少許

作法
1. 鮮魚洗淨，在魚身表面斜切紋路。
2. 將松子、芝麻，塞放入魚腹中。
3. 再放入切絲的薑絲、蔥段，淋上米酒，蒸熟即可。
4. 蒸好擺盤，再淋上香油即可。

功效
松子和芝麻的植物性蛋白含量都很高，加上鮮魚的動
物性蛋白，就是最好的發奶聖品，有助於產後乳汁的
豐沛與營養。

29. 八珍雙補湯

食材

排骨1斤、黨參15g、炒白朮9g、雲茯苓6g、炙甘草5g、川芎3g、當歸6g、熟地6g、炒白芍3g、老薑片5片、米酒（或米酒水）適量

作法

1. 排骨川燙置旁備用。
2. 將米酒加入藥材，煮20分鐘。
3. 將藥材濾去，再放入排骨，用小火熬煮20~30分鐘。

功效

所謂八珍湯，就是補氣的四君湯加上補血的四物湯，能調養產後的氣血俱虛，幫助恢復元氣，故謂之雙補湯

◆ Dr. Lee 小叮嚀 ◆

容易上火的體質，建議可以先服用八珍雙補湯，待調理一段時間後再服用十全大補湯。

30. 黃酒燉鮮蝦

食材
新鮮草蝦1斤、黃酒1/2
杯、生薑3片切絲、米酒
少許、枸杞少許

作法
1.草蝦洗淨,挑去腸絲。
2.將草蝦放入盤中,倒入黃酒和米酒,灑上枸杞和
　薑絲。
3.用大火隔水加熱3分鐘,轉小火再煮2分鐘即可。

功效
可幫助泌乳發奶。

31. 當歸玉竹羊肉湯

食材
羊肉半斤、當歸10g、
玉竹10g、老薑片5片、
枸杞6g、米酒（或米酒
水）適量

作法
1.羊肉切塊，川燙置旁備用。
2.羊肉加入米酒，煮到羊肉變軟。
3.放入玉竹、枸杞，煮7分鐘。
4.最後放入當歸，再煮3分鐘即可。

功效
能養血護膚。

32. 固腎海參湯

食材

海參一條、補骨脂6g、
小茴香少許（另包）、
老薑片5片、米酒（或米
酒水）

作法

1. 海參洗淨去內臟，再切大片。
2. 先將米酒加入補骨脂、小茴香少許（另包）、薑
   片共煮3分鐘。
3. 再放入海參，小火燉熟即可。

功效

滋胃補血，潤腸通便。

山楂決明茶 去油解膩消脂

藥材
荷葉2錢、山楂3錢、決明子3錢

煮法
將中藥洗淨後置藥袋中，加入800cc的水，先浸10分鐘。
用大火煮滾後，轉小火再煮10分鐘即可。

首烏茯苓茶 補腎利水黑髮

藥材
何首烏4錢、茯苓3錢

煮法
將中藥洗淨後置藥袋中，加入800cc的水，先浸10分鐘。
大火煮滾後，轉小火煮10分鐘即可。

養血順暢飲 助排便、但腹瀉者不宜

藥材

肉蓯蓉5錢、當歸3錢

煮法

將中藥洗淨後置藥袋中，加入800cc的水，先浸10分鐘。
大火煮滾後，轉小火再煮7分鐘即可。

補氣健美茶

藥材
生黃耆6錢、荷葉3錢

煮法
將中藥洗淨後置藥袋中,加入800cc的水,先浸10分鐘。
以大火煮滾後,轉小火再煮10分鐘。

助眠茶

藥材

茯神四錢、紅棗15枚（去籽捏破）、炙甘草5片、
冰糖適量

煮法

將中藥洗淨後置藥袋中，加入800cc的水，先浸10
分鐘。大火煮滾後，轉小火煮10分鐘即可。

按摩神門穴，安神助眠

　　產後因為氣血大虛，很
容易會有失眠的問題，或即
使睡著卻一直作夢，整夜都
睡不安穩，這時候可以多按
摩神門穴。

神門穴

　　神門穴是手少陰心經的
俞穴，有安定心神、幫助入眠的功效。對心悸、怔忡、小孩受
驚啼哭也有幫助。所以也是媽媽們必學的居家常用好穴之一。

Part 3 坐月子期有效改善體質的10個關鍵

　　坐月子是調理體質的最好時機，好好把握這三十天，許多的宿疾和不健康的體質，都能趁這段黃金期改善；甚至回復到完全健康的狀態。但若是忽略坐月子的重要性，很容易會產生新的疾病。所以月子一定要坐好，透過適當的調理，讓自己更健康也更美麗。

3-1 │ 哺乳好處多又多

　　有句廣告詞說「天然的最好」，天然的母乳絕對勝過配方奶，母奶的營養成分多，可以幫助寶寶的神經元與智力的發育健康。其中的免疫球蛋白，更可保護寶寶不受到感染，而且可降低未來發生過敏的機率，如過敏性濕疹、蕁麻疹、氣喘、過敏性鼻炎等。另外，媽媽親自哺乳對於提升寶寶的安全感與親密感更是無可取代的。

　　哺乳不僅是對寶寶好，對於媽媽也有許多的好處，在哺乳的過程中會刺激子宮收縮，能幫助惡露排出和子宮復原。其次，研究也顯示，哺乳可以降低停經前罹患乳癌與卵巢癌的機率。另外，由於哺乳會消耗大量的熱量，如再配合適當均衡的飲食，對於產後身材的恢復更是一大助力。

　　雖說哺乳的好處多多，但是仍有許多媽媽有哺乳的困難，甚至想要放棄哺乳，有的是產後乳汁分泌不足，有的是產生乳腺炎的狀況，導致乳房疼痛不舒；讓許多新手媽媽畏懼哺乳而煩惱不已。

　　如果是產後乳汁分泌不足，更要盡早讓小寶寶接觸媽媽的乳頭。比如小寶寶在出生後一小時內，讓小寶寶直接與媽媽接觸，使小寶寶有強烈直接的吸吮反射，也能幫助媽媽分泌乳汁。因為當寶寶吸吮乳房時，除了刺激泌乳素分泌增加，同時也會刺激媽媽產生排乳反射（當媽媽聽到寶寶的哭聲時，會不自覺刺激此反應）。

　　另外，以親餵的方式哺乳，除了可以幫助剛出生的嬰兒建立安全感之外，也可以預防因為要擠乳而產生媽媽手（拇指肌腱炎）的狀況。而親餵更可直接刺激媽媽的乳汁分泌，增加乳量，對於預防乳腺炎也有直接的幫助。

　　有些媽媽的乳汁分泌不足是因為產後氣血大虛，這時可補充氣血、舒暢乳腺的「泌乳茶」，來幫助媽媽乳汁的分泌。或多補充高蛋白的食物，再配合穴道的按摩。可用原子筆頭圓頭處多按摩足三里、三陰交穴，幫助恢復氣血，也有助分泌乳汁。

　　產後過於疲倦或勞累也會影響乳汁的分泌量。臨床上發現有些媽媽的睡眠品質不佳或是勞累加重，隔日的乳汁就會明顯不足，所以為了有充足的乳汁，多休息與放輕鬆也是很重要的。

　　也有些媽媽本來乳汁分泌都很順暢，但會突然發生乳汁減少的情形，經過仔細的詢問下得知，因為心情鬱怒與家人發生爭執所導致。因為乳房也是肝經經過之處。「肝主舒暢條達」，若是因為鬱怒導致氣機不暢，也會影響乳汁的分泌，甚至產生乳腺炎。這時可以多按摩太衝穴，這個穴道我又稱為「快樂穴」，因為對於心情鬱悶、煩躁，都有很好的緩解效果。

　　常按摩可以幫助乳腺疏通與乳汁分泌。所以，產後除了不要太過勞累外，維持一份好心情，都有助於身體恢復與乳量增加。

足三里穴位於膝蓋下四根橫指處，離脛骨外緣約一根手指的距離。

三陰交穴距離內踝骨骨尖往上四根橫指處。

太衝穴位於足大趾與次趾交界處，往上三根橫指的距離。

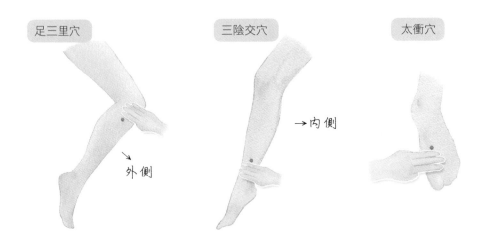

疏通乳腺的中藥

香附：通行十二經八脈氣分，主一切氣，主治胎產百病。

清熱消炎的中藥

蒲公英：化熱毒、消腫核，專治乳癰（即乳房的腫塊）。

金銀花：散熱、解毒。

連翹：散諸經血凝氣聚、止痛、消腫、排膿。

甘草：生用甘平，補脾胃不足，而瀉心火。炙用甘溫，補三焦
　　　元氣，而散表寒止痛，生肌，通行十二經，協和諸藥。

泌乳茶

食材
炙黃耆5錢、王不留行2錢。

作法
1. 將中藥洗淨後置藥袋中,加入1000cc的水浸泡10分鐘。(月子期間可以將水換成米酒水)。
2. 以大火煮滾後,轉小火再煮15分鐘即可。

功效
補氣通乳,幫助乳腺暢通、分泌乳汁。可於一天內慢慢喝完。

哺餵母乳會影響乳房外觀嗎？退乳會讓乳房縮小嗎？

乳房外觀是有些媽媽會覺得很害羞的問題，哺餵母乳的過程中，乳頭的大小會比原先的稍大，顏色也會加深，這是自然的現象。隨著哺乳過程的結束，只要慢慢的停乳，乳頭隨著時間就會回復到原本的size，變深的乳頭也會隨著時間逐漸淡化。或可選用具美白效果的中藥，如葛根、白芷，來幫助色素的淡化。

至於乳房的大小，不要在短時間內馬上停乳（如一、兩天內就讓乳汁停止分泌），也就是把退乳的時間拉長，乳房就不會頓時萎縮，而影響外觀了。

另外，適時做些乳房的按摩或配合針灸，也可維持堅挺的形狀。只要好好照顧自己的乳房，把握以上的原則，健康的哺乳和維持乳房的勻稱與大小是不衝突的。

如何預防乳腺炎

乳腺炎也是許多想要親自哺乳媽媽共同的夢魘，**預防之法首先要勤於餵乳**。產婦由於氣血大虛，身體疲累，往往會疏忽了定時擠奶的重要性。甚至有些產婦由於太累，整晚未起身排空乳汁，隔天一早便發現整個乳房都脹痛難忍，嚴重者甚至會紅腫疼痛、無法觸碰，並伴隨發燒的狀況，這就是典型的乳腺發炎了。所以要預防乳腺炎的首則，便是養成定時排空乳汁的習慣。

一般而言，剛生產完的媽媽，建議3～4小時排空乳汁一次，或是自覺脹奶時便可以準備哺乳（或擠乳）。隨著小baby的成長，哺乳的間隔也會逐漸拉長，慢慢變成4～5個小時一次，這時媽媽就會比較輕鬆，因為終於可以一夜好眠了。哺乳的過程很辛苦，但從中獲得與孩子的親密互

動與成就感是無法取代的，而哺乳也有助於自身體態與健康的恢復。

　　已經發生乳腺炎時，建議除非是疼痛難忍，還是**以熱敷的方式**，雖然冰敷可以暫時止痛，但更容易形成硬塊難消。所謂「寒則凝滯」，要讓已經堵塞的乳線疏通，除了加強親餵的頻率，**在親餵時要同時按摩乳房的硬塊，可以幫助乳腺的暢通**。親餵前先熱敷，再以疏乳棒或圓頭的按摩梳由乳房外側向乳頭方向梳揉按摩，過程中會伴隨微微的不舒，那是因為乳腺已經堵塞所產生的疼痛，因為「不通則痛」、「通則不痛」，熱敷與按摩都是幫助乳腺疏通的好方法。

　　發炎狀況輕微者，只要經過幾次熱敷、按摩與親餵的過程，乳腺的疼痛與硬塊便會大大減輕；但若是嚴重者，可搭配疏通乳腺與清熱消炎的中藥，來消除乳腺腫痛。臨床上，服藥後過二到三天，便可以疏通乳腺。有些媽媽的乳腺堵塞是在深部，很難透過按摩的方式改善，除了配合疏通乳腺的中藥外，請專精針灸的中醫師，透過針灸改善此處的循環，也能有效幫助乳腺疏通。

哺乳的時候，要如何注意營養？

　　哺乳的過程中，應攝取足夠的蛋白質，麻油雞酒、麻油腰子等都是很好的蛋白質來源。素食者可以豆類代替，並增加堅果類攝取。

　　月子期間多攝取深色的蔬果類，如紅鳳菜、菠菜、莧菜、皇宮菜、川七葉、地瓜葉、南瓜。水果可選擇葡萄、櫻桃、芭樂、荔枝、龍眼、香蕉、蘋果、枇杷等。

　　盡量少食涼性與酸澀，如西瓜、香瓜、哈密瓜、檸檬、百香果、鳳梨等。可以添加適量堅果類，如核桃、杏仁、栗子、腰果等，但建議都以原味為主，不添加鹽或糖。

3-2 腰痠背痛怎麼辦

　　許多媽媽產後會感到腰背及尾椎處的痠痛，有些媽媽的痛點在肩頸處，嚴重的腰痠背痛甚至會影響到日常活動與睡眠品質。

　　要預防與改善產後的腰痠背痛，首先，餵奶的姿勢要正確。餵哺母乳時，一定要讓自己的背與腰椎舒適的靠在腰墊支撐處。選擇瓶餵的人因為必須仰賴吸乳機，更不可忽略頸背與腰的支撐，如果擠奶時長期姿勢不良，不但會增加產後虛弱的筋骨負擔，也容易造成腰痠背痛。

　　產前氣血都濡養胎兒，腎氣往往處於不足的狀態，「腎又主骨」，老一輩常說「生一個小孩壞一顆牙」。「牙為骨之餘也」，若腎氣虛衰者，很容易就出現齒牙鬆脫的狀況。現代的婦女因為營養充足，較少齒牙鬆動的問題，但是「腰為腎之府」，產後多平躺休息，也能避免增加腰背的負擔。

　　所以產後除了補氣補血，補腎也是很重要的，這關乎媽媽們往後的筋骨狀況。進補時，需諮詢專業的中醫師，按照自己體質規劃適合自己的方式，因為中醫的調理是因人而異，有的媽媽適合熱補，有的媽媽在

進補時很容易出現火氣大的現象，如果不清楚自己體質時，選擇平補一類的藥材比較恰當。

許多人在產後會使用杜仲，其實在產前產後都可使用杜仲，產前有安胎的功效，產後有補肝腎、筋骨強健的功效，所以對腰痠背痛能有預防及改善。

黑豆也有治療妊娠腰痛的功效，還可消水腫，兼顧補身和美體瘦身的功效。

我在懷孕時就開始準備月子期間進補的藥膳酒，以炮製好的杜仲斷絲用（將杜仲這味藥材輕折後會出現其中的白絲），然後再浸入酒中。也可用研磨好的杜仲粉，在生產後，按照三餐服用兩小湯匙。我將黑豆炒熱之後泡酒，在產後可以加入雞肉煮食。

這些都是日常隨手簡單的良方，並可以充分發揮其治療的功效。其實坐好月子，並沒有想像中的困難，選對了食材與藥材，就成功了一半。

3-3 | 改善循環，擺脫媽媽手

　　很多新手媽媽除了腰痠背痛外，還會有痠痛難忍的「媽媽手」。所謂的媽媽手，現代醫學稱之為「拇指肌腱炎」，主要疼痛的範圍為手大拇指外踝延伸至手腕上方；有人的疼痛甚至會延伸到手肘處，嚴重者連拿東西都無法使上力。

　　媽媽手的症狀除了疼痛，手也容易無力。主要發生的原因，除了過度的使用，主因多為個人的體質因素。大部分會出現「媽媽手」的媽媽們，氣的循環狀況都不是很好，容易有疲累、倦怠、肩頸痠痛的情況，這多屬於「氣虛」與「氣滯」的範疇。

　　在治療上，要偏重補氣與行氣的處理，才能確實改善媽媽手的狀況，而不是反反覆覆不停地發作，成為媽媽育兒的困擾。

　　除了善用補氣與行氣的中藥，透過按摩也能有效舒緩疼痛不適的情況。如果是右手出現媽媽手，則按摩左手的「手三里穴」。其穴位於手肘橫紋端下方三根橫指的距離，試著左右尋壓，感到最痠痛處。接著試著轉動原本疼痛的右手腕，記住要請人**按壓住左手的穴道後，再開始**

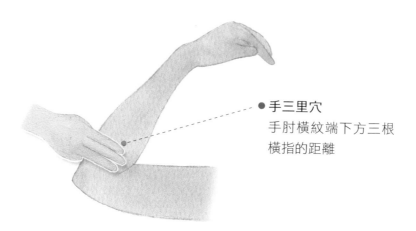

● 手三里穴
手肘橫紋端下方三根
橫指的距離

慢慢轉動右手腕，以左右來回緩慢轉動的方式運動，大約過5到10分鐘後，就會發現原本疼痛的右手腕，疼痛的感覺已經大大改善了。

　　這是通過穴道按壓的方式，疏通原本阻滯的經氣，所謂「氣不通則痛」，只要疏通原本阻滯的氣，循環改善了，疼痛的狀況就會減輕。後續再配合適當的中藥調理，就可以輕鬆擺脫媽媽手的困擾了。

3-4 產後頻尿好尷尬

頻尿的定義為一小時內上兩次以上的廁所，或者一天之內頻頻想小便超過十餘次，甚至晚上睡覺要起床如廁4~5次以上，看似不嚴重卻會對生活產生不適與困擾。

許多產婦在懷孕初期解小便的形態與次數就有些微改變，這是因為子宮壓迫到膀胱所導致，但產後或已坐完月子，卻仍頻頻想上廁所，甚至嚴重者已影響到生活的品質，又是什麼原因？

現代醫學的統計發現，產婦年紀較大或產程較長，或是胎兒較大，在生產的過程較容易傷害到骨盆的肌肉群，而使用器械生產者（如真空吸引或是產鉗生產），以及接受脊椎麻醉者，產後也較容易發生小便解尿困難的狀況。

以中醫的觀點來看產後頻尿的問題，多屬「虛」所致，並和人體「氣」之運行密切相關；在經絡而言，和任督衝帶四脈亦有相關聯，尤以「帶脈以約束衝任督三脈」，因為「帶脈的運行是起於季脅，迴身一周」。若生產時產程延長或是胎兒過大，以致於耗傷帶脈與大量流失身

體氣血，都會影響日後膀胱，甚至子宮與身
體的復原。

當歸

頻尿，就是其中膀胱功能出現障礙的問
題，該如何解決這樣的狀況？

首先，要先辨明導致頻尿的原因，在證
型上可分為三大類：

黃耆

第一是整體的氣虛導致：這類型的產婦
除了頻尿、大多還伴隨了不同程度的子宮脫
垂或脫肛，整個骨盆腔內的器官都有不同程
度的脫垂。

在臨床上，甚至有產婦整個骨盆肌肉都
受傷，而無法下床行走，坐月子期間都需有人攙扶才能緩步前進。這樣
的案例雖屬少例，但對媽媽心理與身體的打擊都不小。所幸這位產婦透
過大量補元氣的中藥，幫助骨盆與器官的復元，一星期後就能自行下床
走路了，疼痛的感覺幾已消失。

所以有相同困擾的產婦們，其實不用太過慌張，只要在月子期間多
休息、勿勞動、少站立，以及透過中醫調養，就可以補養身體的元氣。

食補可選用「補中益氣湯」或「當歸補血湯」（黃耆1兩、當歸2
錢）的加減。

其次是腎陽虛，這類型患者多會頻頻上廁所，每次解出的尿量也挺
多的，到了夜間尤甚。同時還容易疲倦乏力、四肢冰冷或者下肢浮腫，
舌象多偏淡苔色白，脈象多細弱。

這時除了補氣的中藥，更要選用補腎陽的藥物，如金匱腎氣丸加上
益智仁、桑螵蛸、覆盆子等。

第三是腎陰虛，這類型的產婦多虛象，同時伴隨熱象。雖然小便頻繁但每次的尿量卻不多，容易口渴，且手心或腳心發熱，並出現潮熱盜汗的現象。舌象多偏紅少苔，脈象細數為主。

　　建議滋補腎陰，但不可太過滋膩，以免影響產婦的腸胃功能。選方上可用「左歸飲」的加減。可搭配左歸丸、桑螵蛸、益智仁等加強填補腎精。

　　同時也建議產婦，產後除了少勞動多休息外，平常小便及平躺休息時，可以多做凱格爾運動，也就是**在排尿中，收縮、 收緊骨盆底肌肉群（提肛肌）**。試著暫時中斷小便，從1數到5，然後再慢慢放鬆。但不要讓腹部、大腿或臀部的肌肉緊繃用力，可增強女性會陰部肌肉的力量。產婦可多利用平躺休息時多做，每天至少重覆二十次收縮與放鬆的動作。

3-5 | 產前產後的痔瘡困擾

　　懷孕的婦女也很常被痔瘡所困擾，許多人「聞痔色變」，因為痔瘡除了會造成便後的出血不舒，嚴重的痔瘡還會影響生活品質，導致無法久坐，站立時也會覺得肛門口不舒，甚至到灼熱疼痛難忍的程度。

　　造成痔瘡的原因主要分為「實證」和「虛證」。

實證型的痔瘡

　　所謂的實證，多為實熱證。臨床上可見排便不順、便秘、口氣重、睡眠品質不佳、容易口乾口渴。或者喜飲冰冷，或喜食辛辣刺激之物。臨床的症狀不見得同時出現，但若有兼具以上幾種，就可能屬於實證型的痔瘡。同時因為排便困難，如廁的時間若是較久，也會加重原本痔瘡的情況。有些人習慣在如廁時看書，但長期下來可能會導致肛門的靜脈叢過度充血，久之便形成痔瘡。

　　大多數產婦是虛證型的痔瘡。這時不見得有便秘的現象，也不太會出現口氣重或口渴的情形，但卻容易疲累、氣短，稍一活動或爬樓梯便

覺得氣喘吁吁，容易困倦或嗜眠，這樣的情形也容易發作在體虛的老人或久病臥床的人。

虛證型的痔瘡容易出現外痔脫出的現象，即是用衛生紙擦式時可以摸得到突出物，便後也容易出血。但出血量不像實證型的多，疼痛感也較不明顯，可是仍會覺得腫脹不舒。而痔瘡脫出的狀況一般卻較為明顯。

痔瘡的出血，主要是以鮮紅色為主，因為肛門靜脈叢的過度充血擴張所導致，但若是出現血液為黏液狀或為暗褐色，甚至排便的形狀與顏色都出現明顯變化，就可能是腸道出現問題，並不是單純的痔瘡，要趕緊就醫診治。

治療上，必須辨清虛實後，再行服藥，否則「失之毫釐、差之千里」，會影響到治療的成效。

實證型的痔瘡，須以清熱解毒為主。若是便秘嚴重者，則先要改善排便的狀況。但重點還是要攝取適量的蔬果，配合適當的運動及腹部的按摩，來幫助腸胃道的正常蠕動。

同時也要了解造成的原因，是因為長期飲食的不正常，或是睡眠狀況出現問題，或是情緒壓力所導致；找到根本的原因，才能徹底改善痔瘡的狀況，也才不會陷入痔瘡反反覆覆的發作。

虛證型的痔瘡

虛證型的痔瘡治療，就要著重補氣，可選用補中益氣湯。若是屬於長期臥床的病人或是老人家，可加強「增液潤腸」的藥物，如玄參、麥冬、生地。但若容易有脹氣，可加入一些幫助消化的藥物，如砂仁、內金等。

　　中藥的治療絕對是因人而異的，沒有所謂的秘方或單方可以百證通治，而是必須依據求診人當時的狀況，靈活做出藥物加減運用的判斷，才能真正的「對證治療」。

　　產婦的痔瘡狀況絕大多數是因為生產時用力過甚所導致，這時就不可選用清熱解毒的藥物治療，因為生產後氣血大虛，要選擇能兼顧補氣養血的藥物來調養身體，就能輕鬆改善痔瘡的現象。

　　飲食上盡量不要吃辛辣、刺激類的食物，每天定量攝取富含纖維素的蔬果（並非喝果汁）；並養成定時如廁的習慣，不在如廁時閱讀，縮短如廁時間；日常避免久坐或久站，以免影響靜脈的血液回流，都是能改善痔瘡的方法。

3-6 | 產後憂鬱怎麼解？

　　產後憂鬱症（Postpartum Depression），其實發生率並不低，大約平均約為10%。在西醫理論認為，是女性生產後荷爾蒙分泌會開始大量減少或紊亂所導致，因此情緒起伏變得極大，加上一些外在、非預期的環境因素（像是沒有自信照顧好孩子，或是與婆家相處產生的壓力等），因而引發焦慮、憂鬱的情緒，出現煩躁、生氣、無法控制地不斷哭泣、失眠，或對原來喜愛的事失去興趣，嚴重者甚至會有自殺的傾向。

　　而在中醫認為，產後憂鬱的發生與肝氣不舒密切相關。但為何會在產後容易產生？我認為一大因素是，產後失血導致。

　　肝血虛，進而影響肝氣的順暢，所以產生情緒不佳、煩躁易怒、懷疑自己能力、無法信任人等問題，而這些都會造成與家人相處的磨擦。尤其對第一胎的新手媽媽無疑是心理和身體的負擔。

　　我曾經在臨床上看過一個案例，是病人在產後多年後才說出，當時她面對產後憂鬱症時，被家人當作精神疾病治療，甚至還住院很長的時間；夫妻雙方因為這個問題，最後選擇離婚。

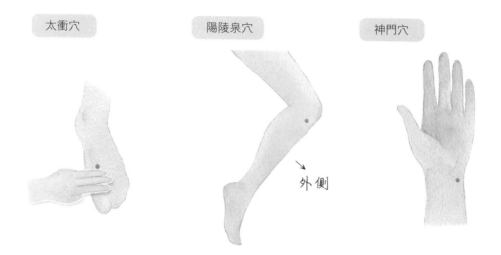

太衝穴　　　　　陽陵泉穴　　　　　神門穴

外側

　　這位病人娓娓道出她的經歷的當時，我和她都泛紅了雙眼，如果當初能遇到良醫為她解決這樣的困擾，透過中藥調理身體，也許現在還能擁有一個美滿的婚姻和可愛的孩子。

　　所以如果遇到這樣的問題，絕對不應該一個人躲起來。產後憂鬱症是可以解決的，不應該成為夫妻雙方的爭執來源。

　　中醫治療上可用疏肝理氣藥方調理。

　　辨證治療上，針對肝氣鬱結型的患者，常見症狀是情緒不穩、憂鬱、胸脅悶痛、食慾不佳，可用「消遙散」加減，以疏肝解鬱。穴位針灸，則可針對陽陵泉、太衝穴等。

　　若屬於心氣不足型者，常見症狀為精神不集中、莫名悲傷、心神無法安定，可用「養心湯」加減，有安神作用。穴位治療，可針對內關、神門等穴。

　　其他藥方像是「柴胡舒肝湯」、「甘麥大棗湯」等，也常應用於臨床上，針對不同患者症狀加減調理。

忘憂飲

藥材

龍眼肉20g、合歡皮12g、茯神12g、遠志3g、紅棗12枚

煮法

將所有藥材加入1000cc的水，煮15~20分鐘即可。

3-7 | 坐月子可以洗頭嗎？

　　我曾在多間產後護理之家擔任顧問醫師，這幾年下來也陸續看過上千位的產婦，在看診過程中最常被詢問到一句話，就是：「醫師，我可不可以洗頭了？」

　　而我問診時，最常詢問媽媽們的問題便是，「惡露排的狀況如何？」

　　許多人認為月子期間，只要注意不要受到風寒就可以洗頭，避免產生頭痛的問題。但卻不知道洗頭和排惡露之間可是有微妙的關係。這可要話說從頭，人體有十二正經，其中有一條與女性密切相關的經絡稱作肝經。

　　肝經起於腳的大拇趾，經腳內側，到生殖系統，再經過肝膽和乳房，上循咽喉，最後走到頭頂部。

　　因為經絡，我重新體認老一輩人說的，「坐月子不要洗頭」。因為如果頭受寒，不僅容易產生頭痛問題（寒氣鬱留），更容易影響到惡露的排出。臨床上有不少的媽媽在洗頭後，惡露的排出頓減，有的甚至產

後幾天就不排惡露了。

所以，產後除了正確使用生化湯（使用的時間要對）；在排惡露時，盡量不要洗頭。「瘀去而後新生」，惡露順暢有助於對子宮的新生。

這樣說來，又有人問：「李醫師，那生理期期間是不是也不要洗頭？」

是的。生理期時，在量多的前三天，能不洗頭是比較好的。我在臨床上也常常遇到病人抱怨，為何年輕時天天洗頭，好像都不會有任何的影響；現在只要在生理期一洗頭，經血量就馬上減少好多。又或者有些年紀稍長的病人若是經血量越來越少，我都會建議有這些情況的人，在生理期時盡量不要洗頭，以幫助經血的排出。有個患者告訴我，她在經期來時忍了三天不洗頭，發現經血量的確排得較多且順暢。

許多人會把老一輩的養生觀當作無稽之談，因為現今的「科學」不能解釋。但是不能以現今科學解釋或觀察到的傳統養生觀念，並不代表「不存在」或「不科學」，早在蘋果砸到牛頓時，地心引力就存在百萬年之久了，所以看不見不等於不存在。

人體的經絡和氣血雖然不可見，但是可以「感覺」。

其實我在用針療時，很多病人都可以感覺到經絡的感傳效應。就像人與人之間的感情，無法用量化的明確看到，但只要用心體會卻是「真實存在」。

回到坐月子期間到底能不能洗頭這個問題，我再談談一個案例。一位中年婦女求診，她訴說自己的月經非常不順暢，不僅不規則，有時一兩個月不來，好不容易來經，卻又點滴不盡，滴滴答答的無法停止；而且，經行之際，頭都會非常疼痛。

　　她不懂為何月經來時頭總是疼痛不已。我向她說明，這是因為肝經運行不暢的因素。她面露疑問的表情並摸摸自己的肋骨，說原來是肝（臟）喔。

　　其實肝經，不是僅代表那個肝臟。肝經為人體十二正經之一，從我們的大拇指外側，延著腳內踝一直上行，過陰器（生殖系統），到了小腹繼續上走，經過胃、肝臟、也經過膽，到了胸膈再上行，走過喉嚨的後面，到頭部；最後與督脈交會與頭頂，這就是肝經的循行。

肝經的循行和坐月子洗頭有何關聯？

　　其實女子以肝為先天，月子期間尤重肝腎的調理。而惡露的排出也和肝經有密切關係，因為肝經經過生殖系統，且又經過頭部，若是頭部不小心受寒，同樣會影響肝經的循行順暢與否，也就是影響惡露的排出，因為「寒則凝滯」。

　　但是也有人說，古時候是因為熱水與保溫系統不發達，所以只要注意用熱水洗頭便可以了，這樣是不是就不會影響惡露的排出了？

　　其實剛生產完的產婦，都是處於氣血相當虛弱的狀態下，很容易受寒，若是加上產婦本身的體質較弱，氣血尚未復原就先洗頭，肯定會影響惡露的排出。在我的臨床經驗中，現在的產婦都難以忍受整個月無法洗頭的窘境。

　　其實掌握一個訣竅，就是了解排惡露的時間，主要是在生產後兩週排的量最多，一定要忍過這兩周，讓該排的惡露排出。有的媽媽以為惡露要儘早結束，答案並不是，若是惡露在一週內就已經結束，反而不是正常的現象。

　　曾經遇過多名的產婦，在生產後第一周（自然產）幾乎已無惡露，

詢問之下，有的是生產後第二天就忍不住洗頭了，有的是兩天一定洗一次頭。當然也有部分身體底子很好的媽媽頭照洗，惡露照樣排，只是如果可以忍一忍，為了自己後半生的健康何樂而不為呢？

坐月子可以直接淋浴嗎？

不建議。因為臨床上有些案例是直接淋浴後，就開始會覺得手腳酸痛。甚至有一位媽媽說當時她只有淋浴雙腳，但做完月子後，她覺得雙腳膝蓋以下會覺得很冷而不舒。

另外，也曾有一位媽媽生產後三、四天就忍不住去淋浴，當天晚上睡覺時，身體直打哆嗦，一直發抖。

雖然不是每個媽媽淋浴後都會有這樣的問題，但如果體虛或平常就較怕冷的媽媽，還是要避免產後直接淋浴，且要注意擦澡時不要直接吹到風，都是避免產後感冒或身體酸痛的方法。

坐月子期間可以碰生水或冷水嗎？

產後的身體是處於極虛的狀態，也非常容易流汗，這時直接去碰觸冷水，身體會覺得刺激而不適，寒邪也容易影響身體，進而影響往後容易產生局部肢體酸痛的問題。

老祖宗的坐月子古法

我自己在做月子期間，所有喝的與料理的都是米酒水，手腳不碰冷水；也真的30天沒洗頭，但我每天一定梳好幾次頭。洗澡是用擦澡的。我生完第二胎產後，大約20天時，還夢見自己在澡缸中泡澡、洗頭，可見當時的我有多想要好好洗頭洗澡呢！

可是為了日後的身體，我還是寧願遵守古法，除了保養經絡外，多梳頭也有助於改善頭皮癢的狀況。

在不清楚自己體質的情況下，這30天，為了日後奠定更健康的基礎，難免要忍耐和犧牲些，多聽些過來人的經驗和看法，總是沒有損失的。

至於產後是否能吹風？這個問題其實因為產後由於氣血大失，身體處在極虛弱的狀態，也因為氣血都虛，且這時產婦因為容易體熱流汗，毛孔總是處於比平常更開的狀態，很容易受風寒。

在我的臨床經驗中，有些產婦在月子期間沒做好保護措施就外出，遇到寒風刺骨，後來就發生頭痛的問題；也有些產婦讓冷氣對著頭直吹，而產生頭痛不適的情況，所以月子期間做好保暖措施是必要的。

還有些古法會要求媽媽不能下床或久站，其實下床走走當然是可以的。我相信這原意是希望產婦能盡量多休息，不要久站或久坐，因為產後的腎氣很弱，久坐或久站都會容易腰酸背痛。若月子期間又沒有調養好，往後只要稍微勞累，就很容易腰酸背痛，而演變成為舊疾，所以媽媽們要特別注意別讓自己過於勞累。

3-8 | 產後束腹帶該如何用？

　　許多孕婦會先準備產後要使用的束腹帶，市面上可見到一種如同大型的繃帶，須以安全別針固定；另一種是用魔鬼氈交叉固定的束腹帶。許多女性都希望產後仍維持產前的好身材，也希望藉由束腹帶幫助自己塑身。但其實束腹帶的主要功能在於：

　　一、幫助傷口的復元。因為束腹帶可以藉由局部的壓力，幫助減輕剖腹產傷口的疼痛，並加速傷口的復原速度。也可幫助自然產的產婦較有力量地使用背部與腹部的肌肉群。

　　二、防止子宮及其他臟器的下垂。但必須使用對方法，若是使用方法錯誤反而適得其反。

　　三、由於它能束緊腹部，所以對於抑制食慾，會有正面的幫助，以避免產婦過量的進食。

使用束腹帶的方法

　　一定要先用雙手手掌緩慢地由恥骨位置處，將腹部的肌肉與深部

的子宮慢慢往上推，再由恥骨處開始加強固定束腹帶。

　　千萬不可只綁住胃部與上腹部，反而遺漏了最重要的下腹部，這樣反而造成子宮往下垂。

　　另外，施加的壓力也是將下腹部（肚臍以下到恥骨處）開始束緊，此時力道較大（綁得較緊），到了胃部時綁的力道較鬆，也就是**下緊上鬆**的原則，才不會反而將身體的臟器推向下部。

何時開始用束腹帶？

　　原則上，生產後便可以開始使用，一方面舒緩疼痛的肌肉，產婦起身如廁或用餐都會較有力量。

　　起床後梳洗完畢，便可以使用束腹帶。但要記住，晚上**睡眠前，一定要拿掉束腹帶**，不可一整天都使用，以免影響身體循環和產生不適與搔癢的情況。而睡眠時姿勢的改變，也會造成束腹帶移位，反而達不到使用的目的與功效。

　　使用束腹帶的時間，是因人而異的。如果皮膚容易過敏的媽媽，除了勤於更換束腹帶，加強清潔外，盡量在自覺束腹帶已經悶熱潮溼時就替換新的，且平躺或睡眠時都要取下。

　　基本上，坐月子期間都是可以使用束腹帶的。但若是下腹的下墜感遲遲不見改善，往往是身體氣虛所致，這時就必須適時透過中藥補氣，才能有效改善下腹的下墜感。

　　束腹帶是幫助身體復原的一個外在助力，但不是使用後就可以常坐或常站。由於生產後氣血大虛、百脈空虛，充分的休息是幫助身體復原的不二法門，再加上適當的藥膳與食療，才能真正讓身體盡快恢復健康與體力。

有些產婦會希望透過束腹帶來幫助瘦身，但是已形成的脂肪組織必須靠飲食、運動與針灸，多管齊下才能達到消除的效果喔。

　　另外，產婦也很容易水腫，所以避免進食過鹹與重口味的食物，與適時加強補氣的中藥，幫助水腫的消退，對於改善體型也是有幫助的。基本上產後使用束腹帶是有益的，但一定要記住使用的方法與使用的時機，才不會適得其反，反造成身體不適。

3-9 | 坐月子期間可以用電腦嗎？

　　我建議月子期間盡量不使用電腦、手機等3C產品，也少看電視。之前在月子中心看診時，有不少媽媽在產後仍舊3C不離手，因為眼睛非常酸澀不舒服，一段時間後便會來找我就診。

　　婦女在懷孕時，因氣血都分給胎兒，尤其是腎氣很容易不足，這也是有些產婦很容易腰痠背痛或眼睛酸澀的原因。

　　所以在月子期間要透過正確的調理法，幫助身體氣血及腎氣的恢復。為何老一輩的人說產後不要哭，也不要過度使用眼力，最主要的是希望媽媽能多休息，且「腎開竅於目」，不過度使用眼力，也是顧腎的方法之一。惟有腎氣充足了，腰才不會痠痛，眼才不會酸澀。

護眼按摩操

眼部按摩三要穴
晴明、四白、瞳子

按摩法
用食指在這三個穴位做輕壓式的按摩，一天可按摩3~5次，一次5~10分鐘。覺得眼睛酸澀不舒時，就可以多按壓，有助於眼周氣血循環。

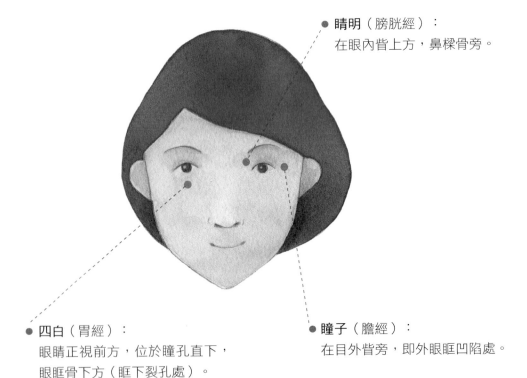

● **晴明**（膀胱經）：
在眼內眥上方，鼻樑骨旁。

● **四白**（胃經）：
眼睛正視前方，位於瞳孔直下，
眼眶骨下方（眶下裂孔處）。

● **瞳子**（膽經）：
在目外眥旁，即外眼眶凹陷處。

3-10 | 產後落髮問題

　　針對產後或壓力大導致的落髮，喝對茶飲便可以幫助改善掉髮和預防產後落髮。很多媽媽都認為產後落髮是正常的，但是當身體調養健康的狀態下，是可以完全避免產後掉髮的困擾。

舒壓活髮飲

藥材
何首烏15g、補骨脂10g、胡桃肉10g、香附9g、甘草5片

作法
將所有藥材加700～900cc的水，浸泡15分鐘後飲用。或小火熬煮10分鐘。

Part **4** 產後瘦身食療和運動

　　愛美是女人的天性，產後如何瘦得健康，除了透過食療和運動，若能在滿月後輔助特別療法，結合埋線和肌力訓練，對於局部的身型雕塑或特別難瘦的部位絕對會更有效率。

4-1 | 瘦身運動搭配瘦身食譜

    維持和產前一樣的身材，或是讓自己身形盡量恢復到「如小姐」一般，是不少婦女產後希望的。以下我介紹幾道食療，搭配前面的月子食譜，搭配飲食建議，輕鬆吃得健康又能達到瘦身的效果。

    同時要注意，這段期間絕對要好好休息，避免過勞或過度運動，增加身體恢復的困難。另外，不要逞強作超過自己負荷的運動，也避免大量出汗的運動，使身體更虛或更易招受風寒，反而瘦身不成，影響日後的健康狀況。

    如果體力允許，搭配簡單的肌力訓練，對於體態回復，其實是不錯的選擇。如何吃得健康又兼顧養瘦，回到小姐體態，以下食譜可別錯過。

梅子羅宋湯

食材

牛肋條500克、烏梅5個、番茄4個、洋蔥1/2個、月桂葉三片、橄欖油一大匙、黑胡椒粒一小匙

作法

1. 牛肋條切塊入滾水氽燙30秒，撈起後置旁。
2. 將切細的洋蔥用橄欖油炒香後，加入牛肋條拌炒到聞到香味。
3. 加入滾水、月桂葉，用小火燉煮30分鐘。
4. 番茄去皮，加一杯水打成稠狀，倒入鍋中。
5. 放入烏梅和切丁的馬鈴薯，用小火再燉煮20~30分鐘。
6. 起鍋前撒上胡椒粒即可。

功效

牛肉甘溫補虛，富含鐵質，是補血的好食材。

番茄有清熱生津，健胃消食的功效。熟食能提升蕃茄中的茄紅素和抗氧化成份。

洋蔥可理氣和胃，健脾進食，發散風寒。

山藥海鮮盅

食材

山藥適量、百合、蝦子、花枝、水1000cc

百合

作法

1. 將食材洗淨，蝦子去泥腸
2. 將百合、山藥加水打細，放入鍋中燉煮到山藥熟透。
3. 再放入蝦子和花枝，再燉10分鐘即可。

功效

山藥：甘平，補腎益肺、滋陰清熱，治虛損勞傷。

百合：讓人快樂的魔法食材，治療「百合病」，也就是精神情緒上的疾病，百合能安神寧心助眠，止咳化痰，清熱潤肺。

丹參補血湯

食材

烏骨雞半隻、丹參20克、當歸2片、川芎5片、生薑5片、米酒、水

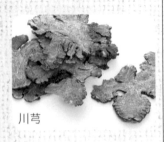

川芎

作法

1. 將雞肉先川燙，置旁備用。
2. 水滾後放入雞肉、丹參、生薑，煮30～40分鐘。
3. 放入川芎、當歸，再煮3分鐘即可。

功效

丹參：入心與包絡，破宿血，生新血，安生胎，調經血，功兼四物，為女科要藥。一味丹參散，功同四物湯。

當歸：性辛甘苦溫，入心肝脾經，為血中氣藥。有潤腸胃、澤皮膚、養血生肌、排膿止痛的功效。能使氣血各有所歸，故名當歸。

這道湯品可搭配粉絲一起食用。

水果麻醬麵

食材

新鮮桑椹（或桑椹果醬）適量、蘋果、紅蘿蔔絲適量、蛋一個、
豆芽菜少許、櫻桃15個、蒟蒻麵或烏龍麵
醬汁：味霖一小匙，黑糖1大匙，米醋1匙，清水一小杯約50cc
麻醬：白芝麻醬1匙，自製花椒辣油1匙（不吃辣者可不加）
花椒油：花椒一大匙、紅蔥頭五個、白芝麻油五大匙，用小火煸
　　　　出香味，濾去食材即可。

作法

1.將食材切成細長條絲後擺盤（櫻桃去籽對切）。
2.蛋液用平底鍋煎成蛋皮切細。
3.蘿蔔切絲，入電鍋先蒸軟。
4.蒟蒻麵浸泡加了檸檬片的冰水後，瀝乾。
5.將麻醬、花椒油和醬汁調勻，拌入麵中即可。
6.可隨意加入自己喜歡吃的食材。

功效

桑椹性甘涼，有補腎滋陰，利水消腫的功效。

百香果烤雞

食材

雞胸肉、百香果1顆、檸檬皮少許、蜂蜜、酒、胡椒

作法

1.將所有食材（除了蜂蜜）和雞肉醃一晚。
2.烤箱175度預熱5分鐘。
3.放入已醃過的雞肉，烤箱175度，烤40分鐘。
4.刷上蜂蜜，再烤5分鐘即可。
5.取出擺盤，灑上檸檬皮。

功效

百香果和檸檬皮都是天然的維生素 C 來源，除了可幫助淡化色素
沉澱外，還能幫助膠原蛋白的形成。可搭配三明治一起食用。

飲食建議：可依自己的體質、身體狀況，搭配食用。

	早餐選擇	午餐選擇	晚餐選擇	備註
水腫型	補血紅豆湯 p93 或 消腫黑豆粥 p91	百香果烤雞三明治 p157 或 茯苓燉魚湯 p88	山藥海鮮盅 p156 或 首烏黑豆燉雞腿 p104	黑豆、紅豆都能幫助消水腫。茯苓和山藥則補土健脾，也能有效改善水腫。
排便不暢	木耳小米粥 或 黑棗燕麥粥	水果麻醬麵 p157 或 苦茶油拌麵線 p83	丹參補血湯 p156 或 固腎海參湯 p114	木耳、黑棗、芝麻醬和苦茶油都有潤腸功效，有助於排便順暢。 丹參和當歸可補血，助排便。 海參是補腎的好食材，可幫助腸蠕動，預防便秘。
元氣不足型	黨蔘山藥粥 或 八寶粥 p79	當歸玉竹羊肉湯 p113 或 麻油雞酒飯	梅子羅宋湯 p155 或 四君補氣湯 p99	黨蔘能補氣。羊肉、牛肉可補血，幫助體力恢復。 麻油雞酒加糯米蒸煮成飯，則可溫陽暖身。

4-2 | 肌力鍛鍊

　　許多產婦最大的煩惱就是產後鬆弛的腹部和身材變形，似乎就要和比基尼一輩子絕緣了，其實不要放棄，事在人為，只要肯開始訓練身體的肌肉，緊實的身材還是有回來的一天喔，和Dr. Lee一起運動吧！

◆Dr. Lee 小叮嚀◆

所有的肌力訓練必須等到傷口均已復原，不會疼痛時，才能開始。

腹部肌力鍛鍊

注意：建議產後第三週或第四週再開始做這個動作。

1 平躺，雙手放在身體兩側，掌心朝下，雙腳微開彎曲，兩腳掌距離略比肩寬。①

掌心朝下

①

2 吸氣，夾緊臀部肌肉，臀部離地約1個拳頭的距離，停留3秒鐘。
呼氣，臀部放鬆放下，但不可碰觸到地板，來回做20下。②

吸氣，臀部夾緊，離地約1個拳頭的距離，停留3秒鐘。

②

呼氣，臀部放鬆，但不可碰觸到地板。

3 注意，過程中腹部仍須用力，不可放鬆，臀部離地往上時，是運用夾緊臀部肌肉的力量，這樣才可帶出俏臀肌的效果。

動作 2

注意：建議滿月之後再開始這個動作訓練

1 平躺，雙手放在身體兩側，掌心朝下，
雙腳伸直抬高約和地板成45度。①

2 運動過程中腹部均須用
力，不能放鬆。

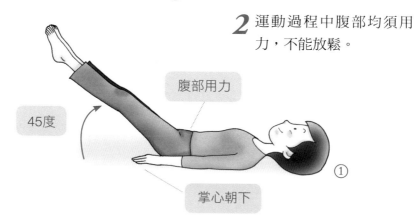

腹部用力

45度

掌心朝下

①

3 雙腳打開，與肩同寬，兩
腳交叉，右上左下、左上
右下，來回做15次。②

右上左下、
左上右下，
來回做15次

②

4 過程中，腹部均須用力，不要憋氣，可以試著
鼻吸氣、口呼氣，維持規律頻率便可。

胸部肌力鍛鍊

準備兩個小啞鈴或兩個裝滿水的寶特瓶。

1 平躺，雙手握住啞鈴，掌心相對，雙腳伸直或微彎曲。①

2 運動過程中腹部均須用力，不能放鬆。

掌心相對

腹部用力

①

打開時吸氣
上舉時吐氣

手臂和肘關節
不要彎曲，往
兩側打開。

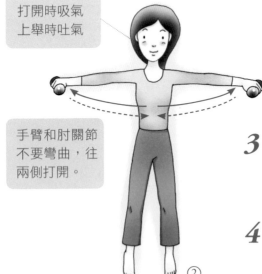

②

3 雙手往兩側打開，注意手肘不要完全接觸到地板，手臂再慢慢往上伸直，來回做20次。②

4 過程中，手臂和肘關節不要彎曲，不要憋氣，雙手往兩側打開時吸氣，往上舉時吐氣。

動作 2 注意：這個動作可在產後第四週開始。

1 平躺，雙手握住啞鈴，掌心相對，雙手往上
放在耳朵兩側，雙腳伸直或微彎曲。①

掌心相對

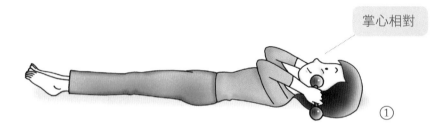

①

2 吐氣，雙手往上舉在臉部正上方。吸氣，雙
手往下回到耳朵兩側，注意手臂均須伸直且
不要碰觸到地板。②
來回做20下。

上舉臉部正上方
下回至耳朵兩側

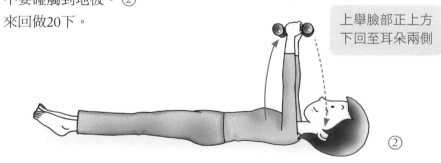

②

下半身肌力鍛鍊

動作 1 下半身動作均需等滿月以後，且已無惡露再開始運動為妥。

1 背部靠牆，雙手輕鬆垂直放在身體兩側，雙腳打開，與肩同寬，慢慢往下蹲，腳步成半蹲姿勢，大腿和小腿需呈垂直角度。 ①

2 運動過程中腹部均須用力，不能放鬆。

3 這個動作可同時訓練到腹部，臀部與下半身肌群，不一定要蹲多久，剛開始可以1~2分鐘，慢慢訓練後，每次可多30秒~1分鐘。

呈垂直角度

①

雙手臂平舉，與肩同高

②

4 欲同時加強手臂肌群者，可以手握啞鈴，雙手臂平舉，與肩同高，訓練過程中注意不要憋氣，順暢呼吸即可。 ②

動作 2

下半身動作均需等滿月以後，且已無惡露再開始運動為妥。

1 兩腳與肩同寬，雙手垂放在身體兩側，吸氣時，雙腳往下半蹲，同時雙手往上平舉。①

2 呼氣時，回復到站立姿勢，往上時夾緊臀部肌肉，同時雙手往下垂放到身體兩側。②

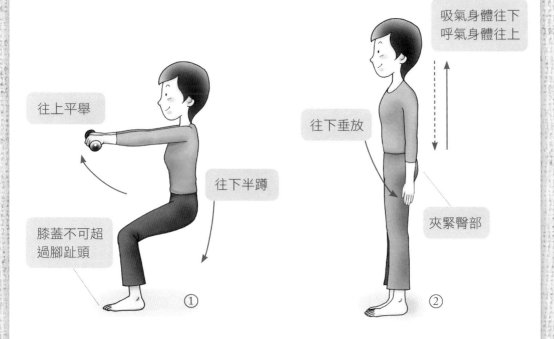

往上平舉

往下半蹲

膝蓋不可超過腳趾頭

①

吸氣身體往下
呼氣身體往上

往下垂放

夾緊臀部

②

3 整個過程時連續的，吸氣身體往下，呼氣身體往上，一上一下為1次，可來回做15〜20次。

4 過程中，注意下半蹲時，膝蓋不可超過腳趾頭，不然容易增加膝蓋受力，造成膝蓋酸痛。

核心肌群鍛鍊

動作 這個動作建議滿月後再開始鍛鍊。

1 趴著，兩手在肩膀正下方，雙手手肘平放地板，手臂與地板呈90度，腳跟離地，用手臂和腳尖撐起全身。

2 過程中必須同時做到腹部用力，不能放鬆，臀部需夾緊，背部、臀部和大小腿成一水平直線。

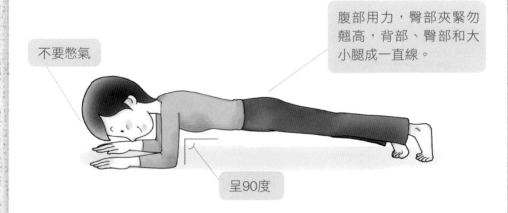

不要憋氣

腹部用力，臀部夾緊勿翹高，背部、臀部和大小腿成一直線。

呈90度

3 第一次做時，注意用力的部位為腹部、臀部肌群，不要翹高臀部，整個背部到腿部均為水平線。

4 可以先從能撐起身體15秒，每一次多10秒，慢慢可以做到可撐起身體2～3分鐘，過程中不要憋氣，呼吸順暢為主，每天可早晚各做一次。

4-3 穴位按摩

　　除了運動，穴位按摩也是保養身體和保持身材的簡易方法喔，日常多按摩以下幾個穴位，就能跟Dr. Lee一樣，輕鬆擁有健康好體態。

體質	症狀	按摩穴位	功效
氣虛寒型	容易疲倦無力，常常呵欠連連，常提不起勁、跑步或爬樓梯則容易喘，較怕冷或手腳冰冷。	百會穴：在兩耳耳尖和鼻子對上頭頂的交會處。	補充身體的陽氣。
血虛熱型	容易口乾口渴或便秘，也容易怕熱或手腳心熱。但這種熱不是溫暖的熱感，而是令人煩躁的熱感。有時也會特別想喝水或喝冰飲。	三陰交：是肝、脾、腎三經的交會點，在足內踝高骨上四根橫指處，位於脛骨的後方。	主要能調整三條陰經，具有補血滋陰的功效。
水腫型	起床時臉容易浮腫，或到下午傍晚時下半身腫脹。即使吃不多也容易發胖。	陰陵泉：在膝蓋內側轉角的後方。	為脾經的合水穴，能排除身體過多水分。
痰濕型	喜歡吃甜食，排便多為軟非硬。皮膚有時會出現過敏的狀況。晨起容易有痰，平常則容易胸悶或胃脹。	豐隆穴：在犢鼻下八寸，大約脛骨外側旁開一手指的距離。	為胃經的絡穴，可幫助重建脾胃功能，排除體內過多的痰濕。

中醫師教你坐好月子,打造好體質和好體態 /
李思儀著. -- 初版. -- 臺北市：商周出版：
家庭傳媒城邦分公司發行, 2016.09
面；　公分. -- (商周養生館；56)
ISBN 978-986-477-095-3(平裝)

1.婦女健康 2.產後照護 3.中醫

429.13　　　　　　　　　　　105015859

商周養生館 56

中醫師教你坐好月子，打造好體質和好體態：

飲食、穴位按摩與瘦身運動，孕前到產後全方位調理養護

作　　　　者／李思儀
企 劃 選 書／黃靖卉
責 任 編 輯／彭子宸

版　　　　權／翁靜如、吳亭儀、黃淑敏
行 銷 業 務／莊英傑、周佑潔、張媖茜、黃崇華
總 　 編 　 輯／黃靖卉
總 　 經 　 理／彭之琬
事業群總經理／黃淑貞
發 　 行 　 人／何飛鵬
法 律 顧 問／元禾法律事務所王子文律師
出　　　　版／商周出版
　　　　　　　台北市104民生東路二段141號9樓
　　　　　　　電話：(02) 25007008　傳真：(02)25007759
　　　　　　　E-mail：bwp.service@cite.com.tw
發　　　　行／英屬蓋曼群島商家庭傳媒股份有限公司城邦分公司
　　　　　　　台北市中山區民生東路二段141號2樓
　　　　　　　書虫客服服務專線：02-25007718；25007719
　　　　　　　服務時間：週一至週五上午09:30-12:00；下午13:30-17:00
　　　　　　　24小時傳真專線：02-25001990；25001991
　　　　　　　劃撥帳號：19863813；戶名：書虫股份有限公司
　　　　　　　讀者服務信箱：service@readingclub.com.tw
　　　　　　　城邦讀書花園：www.cite.com.tw
香 港 發 行 所／城邦（香港）出版集團
　　　　　　　香港灣仔駱克道 193 號東超商業中心 1F　E-mail：hkcite@biznetvigator.com
　　　　　　　電話：(852) 25086231　傳真：(852) 25789337
馬 新 發 行 所／城邦（馬新）出版集團【Cite (M) Sdn Bhd】
　　　　　　　41, Jalan Radin Anum, Bandar Baru Sri Petaling,
　　　　　　　57000 Kuala Lumpur, Malaysia.
　　　　　　　電話：(603) 90578822　傳真：(603) 90576622
　　　　　　　Email: cite@cite.com.my

封 面 設 計／張燕儀
內 頁 設 計／洪菁穗
食譜鍋具提供／LE CREUSET香港商酷彩法廚有限公司臺灣分公司
食 譜 攝 影／宇曜影像有限公司
食譜協力製作／黃經典　　助理：胡翔茗
內 頁 繪 圖／羅傑耀（p29、119、124、131、139、150）、黃建中（p160~166）
印　　　　刷／中原印刷事業有限公司
經 　 銷 　 商／聯合發行股份有限公司
　　　　　　　地址：新北市231新店區寶橋路235巷6弄6號2樓
　　　　　　　電話：(02)2917-8022　傳真：(02)2911-0053

■2016年09月06日初版　　■2020年03月09日初版2.5刷

ISBN 978-986-477-095-3　Printed in Taiwan

定價350元

城邦讀書花園
www.cite.com.tw

麥門冬保濕舒敏系列

麥門冬 保濕舒敏乳液
RADIX OPHIOPOGONIS
HYDRATE
LOTION

麥門冬 保濕舒敏原液
RADIX OPHIOPOGONIS
HYDRATE
SERUM

LAND

麥門冬 保濕舒敏面膜
RADIX OPHIOPOGONIS HYDRATE
MASK

緩和敏感性肌膚

全天候煥發 高顏值水嫩肌

LAND

敏感肌膚保養專家

知名中醫師親研

廣　告　回　函
北區郵政管理登記證
北臺字第000791號
郵資已付，免貼郵票

104　台北市民生東路二段141號2樓

英屬蓋曼群島商家庭傳媒股份有限公司城邦分公司　收

- -

請沿虛線對摺，謝謝！

書號：BUD056	書名：中醫師教你坐好月子， 打造好體質和好體態	編碼：

讀者回函卡

不定期好禮相贈！
立即加入：商周出版
Facebook 粉絲團

姓名：_____ 性別：□男 □女

生日：西元_____年_____月_____日

地址：_____

聯絡電話：_____ 傳真：_____

E-mail：

學歷：□ 1. 小學 □ 2. 國中 □ 3. 高中 □ 4. 大學 □ 5. 研究所以上

職業：□ 1. 學生 □ 2. 軍公教 □ 3. 服務 □ 4. 金融 □ 5. 製造 □ 6. 資訊

□ 7. 傳播 □ 8. 自由業 □ 9. 農漁牧 □ 10. 家管 □ 11. 退休

□ 12. 其他_____

您從何種方式得知本書消息？

□ 1. 書店 □ 2. 網路 □ 3. 報紙 □ 4. 雜誌 □ 5. 廣播 □ 6. 電視

□ 7. 親友推薦 □ 8. 其他_____

您通常以何種方式購書？

□ 1. 書店 □ 2. 網路 □ 3. 傳真訂購 □ 4. 郵局劃撥 □ 5. 其他_____

您喜歡閱讀那些類別的書籍？

□ 1. 財經商業 □ 2. 自然科學 □ 3. 歷史 □ 4. 法律 □ 5. 文學

□ 6. 休閒旅遊 □ 7. 小說 □ 8. 人物傳記 □ 9. 生活、勵志 □ 10. 其他

對我們的建議：_____

_____

_____